OTTO F. SCHLEINKOFER · DER TEE

„Drei Dinge auf dieser Welt sind höchst beklagenswert: das Verderben bester Jugend durch falsche Erziehung, das Schänden bester Bilder durch gemeines Begaffen und die Verschwendung besten Tees durch unsachgemäße Behandlung."

Li-Tschih-lai
Dichter der Sungperiode (12. Jahrh.)

Botanische Darstellung der Teepflanze

1. Teezweig mit Blüten und Früchten
2. Zur Pflückung verwendete Spitze des Teezweigs
3. Teeblatt (Originalgröße je nach Sorte 12-25 cm)
4. Dreiteilige Frucht (Samenkapsel)
5. Teesamen (Originalgröße ca. 1 cm)

OTTO F. SCHLEINKOFER

DER TEE

MIT 33 BILDWIEDERGABEN AUF 17 KUNST-DRUCKTAFELN, TABELLEN UND EINER KARTE

ZWEITE, NEUBEARBEITETE AUFLAGE

CRAM, DE GRUYTER & CO., HAMBURG · 1956

Schutzumschlag: Elisabeth Ohl, Hamburg
Titelbild und Karte: Jürgen Karsten, Hamburg

Satz und Druck: Thormann & Goetsch, Berlin SW 61

VORWORT

30 Jahre sind vergangen, seitdem das Buch zum ersten Male erschienen ist, damals veranlaßt durch den Herrn Geheimen Regierungsrat Professor Dr. Theodor Paul, Vorstand der Untersuchungsanstalt für Nahrungs- und Genußmittel in München, und unterstützt durch freundliche Beihilfen der Herren Professoren Franz Fischler, Richard Pauli und Dr. Lucian Scherman.

Heute bin ich der Gesellschaft für Teewerbung in Hamburg für die von ihr unterstützte Neuauflage zu herzlichem Dank verbunden, sie hat sich für das Werk in überaus freundlicher Weise eingesetzt und mir nicht nur Hilfe in den verschiedensten Fragen angedeihen lassen, sondern auch wertvolle Beiträge zum Inhalt und zur Ausstattung des Buches geliefert. Besonders danke ich den Herren der Gesellschaft, die sich die Mühe machten, das Manuskript vor Drucklegung durchzuprüfen.

München, den 1. Oktober 1955.

OTTO F. SCHLEINKOFER

Verzeichnis der Abbildungen

Die Reproduktion der Bildtafeln erfolgt mit freundlicher Genehmigung der Gesellschaft für Teewerbung m.b.H., Hamburg.

Inhalt

Literaturverzeichnis

Z. Ferguson	The Ceylon Handbook and Directory, Colombo
Dr. C. Hartwich	Die menschlichen Genußmittel, Leipzig
Dr. A. Hasterlik	Von Reiz- und Rauschmitteln, Stuttgart 1918
Hans F. Helmolt	Weltgeschichte, Leipzig 1920
Dr. H. Hermann	Chinesische Geschichte, Stuttgart
Kakuzo Okakura	Das Buch vom Tee, Wiesbaden 1954
P. Klautke	Nutzpflanzen und Nutztiere Chinas, Hannover 1922
Prof. Dr. F. E. A. Krause	Geschichte Ostasiens, Göttingen 1925
Prof. Dr. L. Lewin	Phantastika, Berlin 1924
Dr. F. Sabelberg	Tee, Leipzig 1938
W. Sombach	Luxus und Kapitalismus, München 1922
Andreas Sprecher v. Bernegg	Der Teestrauch und der Tee, Stuttgart 1936
The Tea Bureau	Main Areas of Tea Production, London 1955
Boris P. Torgasheff	China as a Tea Producer, Shanghai 1926
W. H. Ukers	All about Tea, New York 1935
	Tea and Coffee Buyer's Guide, New York 1924
D. Westermann	Nutzpflanzen unserer Kolonien, Berlin
Prof. Dr. A. Wieler	Kaffee, Tee, Kakao, Leipzig

Statistisches Jahrbuch, Berlin
The Encyclopädia Britannica, London
The Indian Year Book, Calcutta
The China Year Book, Shanghai
The Tea and Coffee Trade Journal, New York
Kateka-Zeitung, Hamburg
Gordian-Verlag, Kaffee- und Tee-Markt, Hamburg

EINLEITUNG

Auf der Erde gibt es kein Volk, das nicht neben den eigentlichen Nahrungsmitteln ein oder mehrere Anregungsmittel genießt. Diese Gewohnheit ist sicherlich so alt wie die Menschheit selbst, spricht sich doch darin ein Bedürfnis aus, dessen Befriedigung ein wesentlicher Bestandteil für das menschliche Wohlbefinden ist. Durch die Mode oder die Nachahmungssucht allein kann diese Erscheinung nicht erklärt werden. Es spielen nun zwei Getränke als berufene und wirklich ernst zu nehmende Gegner des Alkohols eine wichtige Rolle, nämlich Kaffee und Tee. Nur sie beide enthalten Reizstoffe, Coffeïn und Teïn, durch die sie sich eignen, auch in größeren Mengen und täglich genossen zu werden, ohne schal zu wirken. Trotz dieser Stoffe, die an sich Gifte sind, sind sie, selbst im Übermaße verbraucht, im Vergleich zu Alkohol so wenig schädlich, daß Vergiftungen nur äußerst selten vorkommen. Bei vernünftigem, selbst häufigem und andauerndem Genuß beeinträchtigen sie die Gesundheit nicht.

Dies tritt besonders beim Tee in Erscheinung, da die für eine Tasse Aufguß verwendete Menge Blätter so geringfügig ist, daß eine Teïn-Vergiftung überhaupt nicht in Frage kommen kann. Auch wenn der Tee, wie in England, als überstarker Aufguß genossen wird, treten erheblichere Gesundheitsstörungen nur in den sehr seltenen Fällen eines gedanken- und schrankenlosen Übermaßes auf, sie sind aber mit ihren Folgen viel leichter zu heilen als die grauenhaften Folgeerscheinungen eines fessellosen Alkoholgenusses.

Gerade der Tee, der doch auch als vorzügliches kaltes Sommergetränk genossen werden kann und diesen großen Vorteil gegenüber dem Kaffee mit dem zweiten der weniger umständlichen und schnelleren Bereitungsart vereint, hat sich nicht nur in den Ländern mit einer gesetzlichen oder freien Antialkoholbewegung, sondern fast bei allen Völkern des ganzen Erdkreises eingebürgert. Leider aber ist neben der Geschichte und Herkunft des Tees auch die richtige Art seiner Zubereitung trotz aller Aufklärungsschriften im deutschen Volke noch reichlich unbekannt, was eine dem wahren Teekenner leicht erklärliche Ablehnung des Getränkes begründet — ist doch eine Tasse falsch oder lässig bereiteten Tees alles andere als ein Genuß.

Um nun das ausgiebigste Aufgußgetränk — kann man doch aus einem ½ kg echten Tees rund 500 Tassen eines guten, erwärmenden oder erfrischenden Getränkes herstellen — dem Verbraucher näher zu bringen, wurde dieses Buch verfaßt. Es soll nach einem kurzen botanischen, lebensmittel-chemischen, medizinischen und psychischen Abriß eine ausführliche Darstellung der Geschichte des Tees vermitteln, ferner genaue Angaben über den Werdegang vom grünen Blatte am Strauche bis zur gebrauchsfertigen Ware machen und endlich zeigen, wie man sich einen wirklich guten, ausgiebigen Tee bereiten kann.

Bewirkt es, daß ein Leser, der bisher dem Tee aus irgendeinem Grunde abweisend oder gar feindlich gegenüber gestanden hat, eines Besseren belehrt und zum Teegenuß bekehrt würde, so wäre es nicht umsonst geschrieben.

BOTANIK DES TEES

Die Teepflanze ist ein aufrechter Strauch aus der Gattung Thea, Familie der Theaceae, Abteilung der Theeae und hat seine nächsten Verwandten unter den auch in Deutschland bekannten Kamelien. Es lassen sich von ihm neben vielen in der Kultur vorgenommenen Kreuzungen und mancherlei ortsbedingten Abarten zwei Hauptarten unterscheiden, die die Blätter zu unserem Getränk liefern, nämlich Thea sinensis (Chinesischer Tee) und Thea assamica (Assam-Tee). Beide Arten haben gemeinsam die dunkel- und immergrünen Blätter, die kurzgestielt und stark netzadrig sind, abwechselnd an den Trieben stehen und im frischen Zustande keinerlei Geruch haben. Wie alle immergrünen Blätter sind sie lederartig, dabei glänzend und am Rande stark gezähnt. Die jüngsten und auch noch die jungen Blätter sind, besonders an der Unterseite, flaumig behaart und erhalten dadurch einen silbrigen, seidenartigen Glanz. Gemeinsam ist auch die Form und Farbe der Blüten, die, nur leicht duftend, mit ihren weißen oder rosig angehauchten Blumenblättern und sehr vielen hochgelben Staubblättern das Auge erfreuen. Sie stehen einzeln oder zu zweien und dreien nickend an kurzen Stielen in den Blattachseln und erinnern am blühenden Strauch, dem sie zusammen mit den dunkelgrünen Blättern einen prächtigen Anblick verleihen, an die Myrte. Die runden Früchte bilden an beiden Arten eine grünlichbraune, holzige und dreifächerige Kapsel mit ein bis drei runden, kirschkerngroßen Samen. Der Teestrauch besitzt eine lange Pfahlwurzel, die manchmal bis zu 6 Meter tief in den Boden eindringt. Er bevorzugt daher lockere Böden mit reichem Humusgehalt,

Die Unterschiede zwischen beiden Arten sind folgende: Thea sinensis bleibt auch ohne Beschneiden strauchartig und wird nicht über 3 bis 4 Meter hoch; sie hat lanzettförmige Blätter, die selten länger als 12 und breiter als 3 Zentimeter sind; Thea assamica dagegen wird z. B. in Manipur, wo sie förmliche Wälder bildet, ein Baum von 8 bis 15 Meter Höhe, ja in seltenen Fällen soll sie sogar eine Höhe von 30 Meter erreichen. Ihre ovalen, an der Spitze ausgezogenen Blätter, sogenannte Träufelspitzen, sind in vielen Fällen 15 bis 25 Zentimeter, also fast doppelt so lang, wie die des chinesischen Teestrauchs und dementsprechend bis 10 Zentimeter breit, auch sind sie bedeutend saftreicher. Die Erfahrungen haben ergeben, daß sich der Assamtee mehr für heiße Gegenden, der chinesische mehr für gemäßigte Zonen eignet, sofern sie einer europäischen Bewirtschaftung unterliegen. Sind sie nebeneinander in ein und demselben Teegarten angebaut, so werden ihre Blätter doch nicht gleichzeitig erntereif und verhalten sich dann auch bei der Bearbeitung verschieden. Auch neigt Thea assamica weniger zum Blühen und ist deshalb vielleicht in mancher Beziehung zur Kultur vorteilhafter. Infolge der heute noch andauernden Versuche, die jeweils besten, feinsten und ertragreichsten Kulturformen ausfindig zu machen, ist die Verbreitung und Anbaumenge der beiden Arten nicht festzustellen, um so weniger, als man sie verschiedentlich gekreuzt und Hybride gezogen hat, die sich, besonders auf Java und Sumatra, mit großem Erfolg eingeführt haben. So ist heute die Assam-Hybride Sieger in diesem Wettstreit geblieben, sie bildet mit Ausnahme von China und Japan nebst einigen veralteten Pflanzungen Indiens und Javas die Grundlage aller Kulturen der Welt.

Die wahre Urheimat des Tees ist unbekannt. Manche Forscher neigen dazu, die Thea assamica als Urpflanze oder wenigstens als deren nächsten Abkömmling zu bezeichnen. Nach ihrer Ansicht sollen von ihr dann erst in der Kultur, allerdings schon vor urdenklichen Zeiten, Thea sinensis und ihre Abarten den Ursprung genommen haben. Die mutmaßliche Heimat des Assamtees ist wohl Oberburma im nördlichen Hinterindien, von wo aus sich die Pflanze wahrscheinlich nach Nordwesten (Assam) und Südosten (Hinterindische Halbinsel) verbreitete. Bei allen den von Forschern aufgefundenen „wilden" Pflanzen fehlt aber die Möglichkeit, heute noch zu bestimmen, ob es sich im einzelnen Falle um bodenständige, also wirklich wilde Pflanzen, oder um solche handelt, die aus von Tieren verschleppten Früchten aufgegangen sind, oder auch wohl um Reste verwilderter, untergegangener oder verlassener Kulturen. Da außerdem die Annahme, daß die Teepflanze — wild findet sich Thea assamica außer in Oberburma heute noch auf der Insel Hainan, in Oberassam und in den südlich davon gelegenen Bergländern der Luschai Hills vor — an all diesen Orten gesondert entstanden sei, unhaltbar ist, so müssen wahrscheinlich diese örtlich getrennten Vorkommnisse als kleine verstreute Überreste eines unendlich größeren Gebiets angesprochen werden, in dem der Teestrauch ursprünglich heimisch war, aus dem er aber heute zum größten Teil verschwunden ist. Diese Annahme könnte dadurch eine bestätigende Erklärung finden, daß die in den Urwäldern hausende Pflanze irgend einmal der verheerenden Wirkung eines Schädlings zum Opfer gefallen ist. Hierbei kann z. B. an Pilze gedacht werden, von denen ja auch hemileia vastatrix der gesamten Kaffeekultur auf Ceylon ein gewaltsames Ende bereitete.

Auf jeden Fall liegt die Urgeschichte der Teepflanze völlig im Dunkel und wird wohl auch niemals aufgehellt und geklärt werden können. Ist doch auch der Anfang der Geschichte des Teegetränkes in völliges Grau gehüllt, aus dem nur hier und da ein leiser Strahl einer frühen Nachricht herausleuchtet.

DER TEE
VOM LEBENSMITTELCHEMISCHEN STANDPUNKT

Eines der ältesten Anregungsmittel, dessen Geschichte sich bestimmt auf rund zwei Jahrtausende zurückverfolgen läßt, ist der Tee. Er ist ein sogenanntes narkotisches Genußmittel. Millionen von Menschen genießen ihn als tägliches Getränk, schätzt doch E. v. Bibra nach einer Aufstellung aus dem Jahre 1855 die Zahl der teetrinkenden Menschen bereits um diese Zeit auf etwa 500 Millionen. Es steht außer Zweifel, daß sich heute diese Zahl ganz wesentlich vergrößert hat.

Die anregende Wirkung des Tees ist auf seinen Gehalt an Alkaloiden: Coffeïn (Teïn, im Jahre 1827 zum ersten Male festgestellt), Theophyllin, Xanthin, Methylxanthin, Adenin sowie Gerbstoffen und ätherischen Ölen zurückzuführen. Auch ein dem Biotin ähnlicher Wuchsstoff kommt in der Teepflanze vor. Nach C. Hartwich und P. A. du Pasquier enthält der Tee durchschnittlich etwa 12% Gerbstoffe und 4% Coffeïn, die anderen Alkaloide treten hinsichtlich der Menge weit zurück. Der pflanzliche Körper des Tees besteht aus Zellulose und Faserstoffen, die in Verbindung mit reinem Eiweiß und Stärke ihre wasserunlöslichen Bestandteile bilden. Die wasserlöslichen Bestandteile sind in der Hauptsache Gerbstoffe, Theïn, Gummi und Zucker. Über den Gehalt und die Natur der ätherischen Öle, die vor allem die Träger des Aromas sind, ist nichts Genaueres bekannt. Der Übergang dieser wirksamen Stoffe in das Teegetränk hängt weitgehend von der Art seiner Zubereitung ab. Es sei darauf hingewiesen, daß beim Genusse einer normalen Tasse Teegetränks von etwa 200 ccm Inhalt, zu dessen Herstellung 1 bis 2 Gramm Teeblätter verwendet werden, dem Körper ungefähr 0,03 bis 0,06 Gramm Teïn zugeführt werden. Zum Vergleich hinsichtlich der physiologischen Wirkung dieser Teïnmenge sei erwähnt, daß im Deutschen Arzneibuch die größte medizinische Einzelgabe für Coffeïn auf 0,5 Gramm festgesetzt ist, die der Arzt ohne einen besonderen Vermerk im Rezept nicht überschreiten darf.

Das Teïn und die übrigen Alkaloide, die für den Geschmackswert des Tees kaum in Betracht kommen, sind im wesentlichen an Gerbstoffe gebunden, nur etwa 10% des Gesamtgehaltes finden sich als freie Alkaloide. Der Nachweis des Teïns erfolgt nach C. Hartwich und P. A. du Pasquier am besten mikrochemisch mit Hilfe der Goldchloridreaktion. Was die physiologische Bedeutung des Teïns in der Teepflanze anlangt, so war man lange Zeit der Ansicht, daß es eine Zwischenstufe beim Aufbau der Eiweißstoffe darstelle. Diese Anschauung gründete sich im wesentlichen auf die Beobachtung, daß alte Teeblätter weniger Teïn enthalten als jüngere. Nach den Untersuchungen der vorgenannten Forscher trifft dies aber nicht zu. Mit dem Alter der Teeblätter verringert sich zwar der prozentige Gehalt an Alkaloid, der absolute steigt jedoch an. Daraus wäre zu schließen, daß das Teïn in der Pflanze wahrscheinlich nicht beim Aufbau, sondern beim Zerfall der Proteïnstoffe entsteht. Die Alkaloide des Tees könnten danach in Parallele zu den Purinstoffen im Tierreich gestellt werden.

Über den Gerbstoff des Tees besteht noch wenig Klarheit. Aus der Tatsache, daß beim Fällen eines wäßrigen Teeauszugs mit Bleiacetat und nachträglicher Zerlegung des Niederschlags mit Schwefelwasserstoff das eingedampfte Filtrat Fehlingsche Lösung reduziert, geht hervor, daß zum mindesten ein Teil des Tee-Gerbstoffes glukosidischer Natur ist. Neuere Untersuchungen haben gezeigt, daß bei zahlreichen alkaloidhaltigen Pflanzen, z. B. Kola, Kakao, die Alkaloide als Tannate vorkommen. Auch beim Tee ist die Annahme solcher Verbindungen wegen der morphologischen Verknüpfung von Alkaloid und Gerbstoff naheliegend.

Die bei der Überführung der frischen Teeblätter in die Handelsware sich abspielenden chemischen Vorgänge sind ihrem Wesen nach nur bruchstückweise aufgeklärt. Neben Oxydationen spielt eine Reihe enzymatischer Prozesse (Fermentierung = Vergärung) eine wesentliche Rolle. Die Veränderungen, die das Teeblatt durchmacht, sind früher in der Hauptsache als das Werk bakterieller Kleinorganismen aufgefaßt worden, die man durch bestimmte Hantierungen herbeilockt und durch andere Hantierungen wieder vertreibt. Die Fertigmachung des Tee- oder des Tabakblattes ist — unter Abrücken von dieser Auffassung — ein durch ausgewählte Eingriffe geregelter Selbstzersetzungsprozeß, der durch das Auftreten einer Bakterienflora nur gestört werden könne und in diesem Fall mit einer bedenklichen Qualitätsverschlechterung ende. In den maschinellen Großbetrieben der Teeländer werde die Fermentation deswegen unter möglichst keimfreien Bedingungen durchgeführt. Nach dem Welken des Blattes, das ihm seine Brüchigkeit nimmt, und dem Rollen, das den fleischigen Inhalt mit dem Zellsaft vermischt, werden die Blätter in besonderen Kammern bei 95 bis 98% Luftfeuchtigkeit auf etwa 25 Grad Celsius erwärmt. Die Tätigkeit der Atmungsfermente, die ihre volle Aktivität erst bei höheren Temperaturen entfalten, wird dadurch stark eingedämmt und die Substanz des Blattes geschont. Gleichzeitig werden bestimmte Verdauungsfermente zu voller Tätigkeit angeregt; sie entbinden die aromatischen Stoffe, denen der Tee seine Blume verdankt, und überführen die grüne Farbe des Blattes in jene dunklen Töne, denen der Schwarztee seinen Namen verdankt. Wird der gleiche Prozeß bei Temperaturen von über 50 Grad durchgeführt, so wird das für die Verfärbung verantwortliche Fermentsystem dagegen gestört, und der Tee bleibt grün. Man kann das gerollte Blatt auch sofort auf 80 Grad und darüber erhitzen. Dadurch werden alle Fermentsysteme schlagartig zerstört. Der Tee bleibt noch schöner grün, was z. B. für die Japaner das Wichtigste ist. Aber auf die uns wertvolle Aromabildung muß man verzichten. Nach H. M o l i s c h soll im frischen Teeblatt kein freies ätherisches Öl enthalten sein, es besitze infolgedessen auch nicht den charakteristischen Teegeruch. Erst durch den Fermentierungsprozeß sollen sich die ätherischen Öle zu voller Wirksamkeit entwickeln. Von Hartwich und du Pasquier wird angegeben, daß während dieses Vorgangs unter Bildung rotgefärbter Stoffe (Plobaphan) der größere Teil des Gerbstoffes zerstört werde, ein oxydativer Vorgang, der den stark herben Geschmack des frischen Teeblattes wesentlich mildere. Gleichzeitig reichere sich dadurch den Gehalt an freiem Teïn an, während seine Gesamtmenge unverändert bleibe.

Schließlich sei noch darauf hingewiesen, daß der Tee das wasserlösliche Vitamin B (Wachstumsvitamin) enthalten soll. Die darüber vorliegenden Untersuchungen gestatten noch kein abschließendes Urteil.

Bei der Beurteilung des Tees kommt es vor allem auf seinen Genußwert an. Die auf Grund der chemischen Untersuchung gewonnenen Ergebnisse spielen hierbei nur eine untergeordnete Rolle. Der Gehalt an Teïn ist innerhalb gewisser Grenzen für die anregende Wirkung maßgebend. Der Tee wird immer einer sorgfältigen Kostprobe unterzogen werden müssen (Teekoster, tea-taster). Beim Tee wiederholen sich, ähnlich wie bei Kaffee, Wein, Tabak usw., die gleichen Erscheinungen. Der Genuß dieser Anregungsmittel bezweckt die Aufnahme nervenanregender Stoffe, bei deren Beurteilung die gleichzeitig anwesenden Geruchs- und Geschmacksstoffe mitberücksichtigt werden müssen. Somit kann der Teïngehalt des Tees für seine Bewertung nur mit herangezogen, nicht aber zur alleinigen Grundlage des Urteils gemacht werden.

Nach Herrn Geheimrat Prof. Dr. Theodor Paul †, München

DER TEE VOM MEDIZINISCHEN STANDPUNKT

Von den pharmakologisch wirksamen Bestandteilen des Tees, den Alkaloiden, Gerbstoffen und ätherischen Ölen, kommt dem Teïn eine überragende Bedeutung zu. Der Genuß des Tees wird demnach erwartungsgemäß im wesentlichen Wirkungen im Gefolge haben, die für das Teïn charakteristisch sind. Es tritt in milder Form eine anregende Beeinflussung des Großhirns und des Atemzentrums, der quergestreiften Muskulatur und des Herzens sowie der Gefäße und des Blutdruckes ein. Außerdem macht sich eine diuretische (= harntreibende) Wirkung geltend. Vom Alkohol unterscheidet sich das Teïn dadurch, daß der Anregung keine Lähmung zu folgen pflegt. Daraus ergibt sich, daß der Tee bei geistigen Arbeiten ein wertvolles Anregungsmittel darstellt. Doch sollen Personen, die an sich zu Erregungszuständen neigen, Neurastheniker, Herzkranke, im Teegenuß weise Mäßigung walten lassen. Das gleiche gilt für Gichtiker, die nicht wie der Gesunde die Purinstoffe normalerweise im Stoffwechsel zu verarbeiten vermögen.

Auch die besondere Wirkung der Gerbstoffe, die vor allem in einer Ausfällung von Eiweißstoffen besteht, ist beim Teegenuß zu erwarten, ein Vorgang, der geschmacks-physiologisch als adstringierend (= zusammenziehend) empfunden wird. Er entfaltet in Magen und Darmkanal eine verstopfende Wirkung, so daß bei katarrhalischen Erkrankungen dieser Körperteile der Tee als Heilmittel zu betrachten ist.

Über die Pharmakologie der ätherischen Öle des Tees ist nur wenig bekannt. Abgesehen von einer gewissen Beeinflussung des Großhirns scheint noch eine diuretische Wirkung einzutreten, die diejenige des Teïns vermehrt.

Guter Tee, richtig zubereitet, ist zwar ohne Nährwert, dafür vollkommen harmlos. Selbst in größeren Mengen genossen zeigt er keinerlei gesundheitliche Schädigungen. Die Grenze der Unbedenklichkeit des Genusses liegt bei rund 35 Tassen pro Tag. So trank eine nachweislich 120 Jahre alt gewordene Engländerin die letzten 45 Jahre täglich bis zu 40 Tassen schwarzen Tee, der anscheinend die Stoffe ersetzte, die ihr Körper nicht mehr selbst herstellte.

Nach Herrn Prof. Dr. Franz Fischler, München

Frisches Teeblatt und fertiges Produkt

Vier Kilogramm gepflückter Teeblätter ergeben ein Kilogramm fertigen Tee

Teesamen am Strauch

Einsammeln von Teesamen (Indien)

DIE PSYCHISCHE WIRKUNG DES TEES

Die vor Jahrzehnten gemachten Versuche ergaben, daß Tee fördernd auf geistige Vorgänge wirkt und auch die Muskelleistung heraufsetzt. Die Versuche von E. Kraepelin bewiesen, daß die psychische Wirkung des Tees sich in einer Beschleunigung von Bewußtseinsvorgängen zeigt, wie z. B. Addieren, Auswendiglernen, Lesen, Reimen, Zeitschätzungen, Vorstellungszusammenhängen, Aufmerksamkeitsakten, Unterscheidungen. Nach etwa 40 Minuten erreicht dieser Einfluß seinen Höhepunkt, nach weiteren 30 Minuten verschwindet er wieder. Der Ablauf dieser psychischen Wirkung ist in der nachstehend abgedruckten Kurventafel graphisch dargestellt, in der zum Vergleich zwei Arbeitskurven nach Genuß von Alkohol eingetragen sind. Der Genuß von 15 Gramm Alkohol, die etwa in einem halben Liter Märzenbier enthalten sind, ruft eine reichlich 20 Minuten anhaltende Beschleunigung der Leistungen hervor, welcher eine beträchtliche, fast doppelt so lange Verlangsamung von etwa 40 Minuten folgt. Nach einer Stunde wird der normale Zustand wieder erreicht. Sehr bemerkenswert ist, daß beim Genuß der dreifachen Menge Alkohol sofort eine Verlangsamung der Bewußtseinsvorgänge eintritt, die ungefähr zwei Stunden anhält. Es sei noch hinzugefügt, daß der Tee, abgesehen von der Leistungssteigerung, eine gewisse Euphorie bewirkt, die derjenigen ähnelt, die beim Genuß von Alkohol auftritt. Diese Euphorie ist wahrscheinlich den ätherischen Ölen zuzuschreiben, die für sich genommen einen ähnlichen Einfluß wie Teïn ausüben.

Neuere Versuche, die von Prof. Dr. R. Pauli im psychologischen Institut der Universität München in Verbindung mit der Deutschen Forschungsanstalt für Lebensmittelchemie durchgeführt wurden, haben weitere Beiträge über die Einzelheiten des fördernden Einflusses von Tee auf geistige Arbeit geliefert. Je zwei einstellige Zahlen wurden von den Versuchspersonen fortlaufend eine Stunde lang mit größtmöglicher Geschwindigkeit schriftlich addiert. (Methode des fortlaufenden Addierens an Hand der Kraepelinschen Rechenhefte.) Zeitmarken von 3 zu 3 Minuten erlaubten, den Gang der Leistungen mit fortschreitender Zeit zu verfolgen. Die einzelnen Teeproben wurden hergestellt, indem jeweils 2,5, 5 bzw. 10 Gramm indischer Pekoe-Tee drei Minuten mit verschiedenen Mengen siedenden Wassers aufgebrüht wurden. Den einzelnen Versuchen, an denen vier bis acht Versuchspersonen teilnahmen, ging stets ein Übungsversuch voraus, der als Norm diente. Die Ergebnisse dieser Versuche lassen sich folgendermaßen zusammenfassen:

Die Wirkung von Tee und Alkohol auf die Dauer „einfacher Bewußtseinsvorgänge". Nach E. Kraepelin

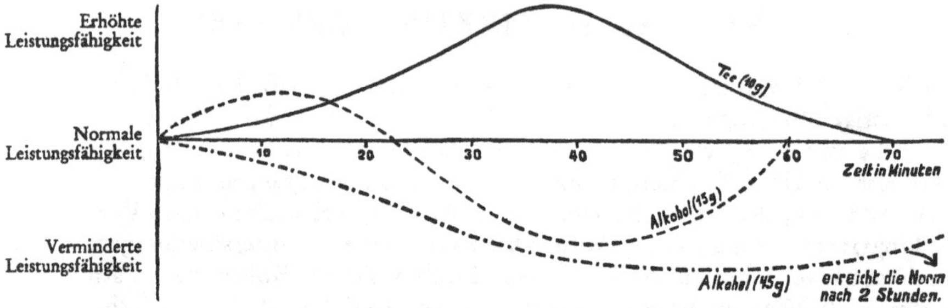

1. Bei Verwendung von 10 Gramm Tee zeigt sich eine Zunahme von etwa 10% der normalen Gesamtleistung, bei weiterer Verdoppelung der Teemenge nimmt der Zuwachs wieder ab, ein Beweis für das Vorhandensein eines bestimmten Optimums, das bei 10 Gramm Tee liegt.

2. Die höchsten Gesamtleistungen, die beobachtet wurden, treten auch wirklich bei 10 Gramm Tee auf, es werden durchschnittlich 66 Additionen in der Minute ausgeführt, während unter gewöhnlichen Umständen, bei einstündiger Rechenarbeit, mit etwa 60 Additionen zu rechnen ist.

3. Teegenuß bewirkt allgemein eine Häufung von sogenannten übermaximalen Leistungen. Unter solchen sind mehr als 75 Additionen in der Minute zu verstehen. Die folgende Zusammenstellung gibt Aufschluß über die Häufigkeit dieser übermaximalen Leistungen, ohne Rücksicht auf die Verdünnung des Aufgusses.

Teemenge in g	Übermaximale Leistungen in %	Übermaximale Leistungen in %, vermindert um die 3% des Normalversuches
0	3	0
2,5	11	8
5	13	10
10	16	13

Die relative Zunahme der Wirkung nimmt sonach mit wachsendem Reiz (Teemenge) ab, vergleiche das Weber-Fechnersche Gesetz!

4. Die psychische Wirkung des Tees wirkt sich ferner in einer Veränderung der sogenannten Steighöhe aus, worunter man den Unterschied

zwischen der geringsten und der höchsten Arbeitsleistung innerhalb einer Stunde versteht, bezogen auf je drei Minuten; sie beträgt beim Versuch ohne Tee 24 Additionen, mit 10 Gramm Tee 29 Additionen (= + 21%), mit 20 Gramm Tee 26 Additionen (= + 8%).

Teemenge in g	Steighöhen (in Additionen) bei den Ausgangsversuchen ohne Tee (A)	Steighöhen (in Additionen) bei den Wiederholungsversuchen mit Tee (W)	Relative Steighöhe $\frac{W}{A}$
0	27	14	0,52
2,5	24	12	0,50
5	24	18	0,75
10	29	24	0,82

5. Die Höchstleistung unter dem Einfluß von Tee tritt durchschnittlich fünf bis zehn Minuten früher auf als ohne Tee.

Das eigentliche Ergebnis der hier beschriebenen Versuche, besonders unter 3. und 4., besteht in der Gewinnung empfindlicher Methoden zum Nachweis von Teegenuß in Gestalt übermaximaler Leistungen und der besonderen Verhältnisse der Höchstleistungen. Mit ihrer Hilfe können auch geringe, bislang nicht nachweisbare Teemengen von 5 Gramm und noch weniger festgestellt und damit quantitative Abhängigkeitsbeziehungen genauer verfolgt werden. Nach Herrn Prof. Dr. Richard Pauli, München

GESCHICHTE DES TEES

Wie die Menschen dazu gekommen sind, die Blätter des Teestrauchs als Genußmittel im heutigen Sinne des Wortes zu verwenden, wird wohl immer im Dunkel der Urgeschichte verborgen bleiben. Während aus dem indischen Kulturkreis und dem damit verbundenen wahrscheinlichen Urvorkommen in Burma usw. alle Angaben aus ältester Zeit fehlen, zeichnet sich in China doch schemenhaft so manche Erwähnung des Tees ab.

China

In den chinesischen Büchern, die die Geschichte des Landes im Altertum behandeln, vermengt sich allerdings unglaubwürdige Legende mit wahrer Geschichte zu einem unentwirrbaren Knäuel erfundener, entstellter und tatsächlicher Ereignisse, die nur in seltenen Fällen, besonders von uns Europäern, zu lösen sind. So ist auch der Beginn der Gewohnheit Tee zu genießen, nirgends eindeutig festgelegt. Die vorliegenden Berichte lassen verschiedene Deutung zu, sicher ist nur eines, daß die Sitte des Genusses uralt ist.

Die erste noch recht fragwürdige Angabe führt ins Jahr 2700 v. Chr. zurück. Damals soll der sagenhafte Ur-Kaiser Schen-nung (chinesisch tschinnung) über China geherrscht haben (2737—2697 v. Chr.). Da er sich besonders dem Ackerbau widmete, wurde er als der „göttliche Landmann" verehrt, auch wird er der Vater der Arzneikunde genannt. Pan-tschai, eine um das Jahr 100 n. Chr. bekannte und geachtete Schriftstellerin, erwähnt den Herrscher in ihren Büchern tsao-ta-ku und gedenkt hierbei des Tees, der zu seiner Zeit bereits genossen worden sein soll. Eine gleiche Erwähnung des Tees im Zusammenhang mit Schen-nung findet sich im Buche pent-sao. Da Schen-nung wahrscheinlich doch nur die Personifikation eines ganzen vorgeschichtlichen Zeitalters bildet und weil die angeführten Stellen mehr die Benutzung des Tees als Heilmittel denn als Genußmittel glaublich machen — wird dem Ur-Kaiser doch die Verbreitung der Kenntnis von Heilkräutern zugeschrieben — so ist die oft gehörte Aussage, Tee sei bereits vor 4500 Jahren genossen worden, recht unsicher begründet.

Nicht weniger sagenhaft ist die Kunde vom Tee aus einer um rund 2000 Jahre späteren Zeit, wo er in Verbindung mit dem göttlichen Lao-tse erwähnt wird. Li-tau, so hieß er mit Familiennamen, hat etwa in der Zeit von 600 bis 500 v. Chr. gelebt, genaue Daten sind unbekannt; er war Geschichtsschreiber in den Archiven der Dynastie Dschou, führte ein weltabgewandtes, naturgemäßes Leben und wurde von seinen Schülern als „alter Meister“ (chinesisch lau-dsi) verehrt. Ihm soll nun auf einer seiner Wanderungen an den Toren des Han-Passes bei der Stadt Tschöng-tu-fu sein Schüler Kua-ling-yin-hi zur Stärkung und Erfrischung eine Tasse Tee gereicht haben — so erzählt wenigstens den kleinen Kindern in China jede Fibel. Ob dies nun wirklich als Aufgußgetränk in heutiger Form stattfand oder ob die frischen Blätter als Gewürz und Stärkungsmittel in Salz konserviert waren, das bleibe dahingestellt. Letztere Art benützen auch heute noch bestimmte Völker der Schanstaaten und in Burma. Denn aller Wahrscheinlichkeit nach wurden zu dieser Zeit die Blätter des Teestrauchs in Südchina als Heilmittel in botanischen und medizinschen Büchern erwähnt, wie chinesische moderne Schriftsteller behaupten. Die Kultur, sofern es eine solche gab, lag wohl im Gebiet der Hügel von Bo-hi, west-nordwestlich von Fu-tschau. Von diesem Vorkommen stammt auch das Wort bohea, unter dem der chinesische Tee zuerst nach England verkauft wurde. Das uralte chinesische Wort für Tee war kia, ob es den Strauch, das Blatt oder das gebrauchsfertige Genußmittel bedeutet hat, ist unbekannt. Da es eine alte Sitte der gelben Völker ist, das Trinkwasser abzukochen und es unter Zusatz von verschiedenen Pflanzen als Aufguß zu genießen, so wäre es möglich, daß damit schon auch ein Aufguß mit Teeblättern gemeint war.

In den folgenden Jahrhunderten muß sich der Tee in größerem Umfange eingebürgert haben, denn sehr früh wurde er von hoher Hand als Steuergut erfaßt. So hat schon 221 v. Chr. Tsching-schi-huang-ti, der kaiserliche Alleinherrscher aus dem Lande Tsin, nach Ausrotten der Feudalherren unter anderen Naturalabgaben auch eine Teesteuer eingeführt, an Stelle der bisher vom Adel geleisteten Gefällen.

Allmählich scheint auch die Benützung der Teeblätter zu Aufgüssen Gewohnheit geworden zu sein, dafür spricht die Umbenennung, die um die Wende der Zeiten eintrat. Im Wörterbuch Örl-ya (chinesisch er-ngia), das etwa in der Zeitspanne von 200 v. Chr. bis 25 n. Chr. geschaffen wurde, kommt die Teepflanze hauptsächlich noch unter der Bezeichnung kia vor, aber schon läuft nebenher das neue Wort tu. Dieses tu wird etwa um 200 n. Chr. entstellt in tscha, entweder durch eine Sprachverschiebung oder durch Zuwandern eines fremden Volkes, es hat sich dann nach 500 n. Chr. im Volksgebrauch fest verankert und wird in China heute noch unverändert gebraucht.

Die Verwendung von Teeblättern zu einem Getränk, sei es nun in welcher Form auch immer, mag durch das durch den Kaiser Wu-ti 98 v. Chr. verfügte Staatsmonopol auf alle vergorenen Getränke, wie Reiswein usw., gefördert worden sein.

Einen Beweis aber dafür, daß sich der Tee als Genußmittel nur langsam und zögernd durchgesetzt hat, gibt die Geschichte von Wang-mang.

Dieser benutzte zu seiner Regierungszeit von 8 bis 33 n. Ch. den Tee als tägliches Getränk; so oft er ihn aber auch seinen Freunden vorsetzte, immer lehnten sie ihn als viel zu bitter und ungenießbar ab. Anscheinend wurden die Blätter ohne vorangehende Behandlung einfach gekocht. Es dauerte aber nicht mehr lange, da wußte man schon besser mit ihnen umzugehen und fand das Getränk annehmbarer. Denn schon während der Herrschaft der Dynastie Schu-han, bekannt unter der Bezeichnung „die drei streitenden Königreiche", in den Jahren 221 bis 264 n. Chr. wird der Tee als Ersatzgetränk für den Reiswein immer mehr beliebt.

Nach Breitschneider hat der Gelehrte und Dichter Kuo-po (276 bis 324 n. Chr.) in einer seiner Schriften den kleinen, immergrünen Baum erwähnt, welcher der Gardenie gleiche, aus dessen Blättern man durch Kochen ein Getränk herstelle. Die Blätter der ersten Ernte heißen tu, die der letzten ming, der ganze Strauch werde tschu-an genannt. Obwohl das Wortzeichen tu bei den alten chinesischen Klassikern viele Bedeutungen hat, kann Kuo-po nur die Teepflanze gemeint haben, wie der Vergleich mit dem örl-ya beweist. Weiterhin führt der Dichter an, daß das Volk von Schu (Se-tschwan) für den Strauch ein anderes Wort, nämlich ku-tu gebrauche, was sicherlich ebenfalls eine Bezeichnung für den Tee ist.

Um 370 n. Chr. riet der Kaiser Fu-kien-lieng allen seinen Untertanen, den nicht berauschenden Tee, „diese köstliche Flüssigkeit", zu trinken, vertreibe er doch die Sorgen und versetze den Körper in einen Zustand der Ruhe und des Wohlbehagens. Trotz dieser kaiserlichen Gnade verliefen noch mehr als 100 Jahre, bis der Tee wirklich Allgemeingut der Chinesen wurde, denn erst seit der Herrschaft der Dynastie Li-ang (502 bis 557 n. Chr.) wurde der Tee das tägliche Getränk im Reiche der Mitte. Sein besonderer Förderer war der Kaiser Wu-ti (502 bis 549 n. Chr.), der sich zum Buddhismus bekannte und der mit Ta-mo (Darma) eine Zusammenkunft hatte und durch diesen vielleicht zum Teegenuß bekehrt wurde.

Reiht man die einzelnen, zerstreuten Überlieferungen zusammen, so scheint der Tee der bis ins 6. Jahrhundert n. Chr. mehr als Suppe denn als reines Getränk genossen worden zu sein; dies wurde erst vom 5. Jahrhundert an getan. Als Getränk hatte der Tee seine scharf umrissenen Zeitabschnitte oder, wie man sie im Osten nennt, Schulen, und zwar waren es drei: die des gekochten, die des geschlagenen und endlich die des gebrühten Tees.

Die Art des Teegenusses nach der ersten Schule, die bis ins 9. Jahrhundert reichte, neben der aber schon im 6. Jahrhundert langsam sich die 2. Schule einbürgerte, war reichlich einfach. Die Blätter wurden vom Strauch gepflückt, grün, wie sie waren, etwas gedämpft, in einem Mörser fein zerstoßen und dann zu einer Art Kuchen geformt und gepreßt. So berichtet schon Han-yü (gestorben 824 n. Chr.) in seinem Buche. Wollte man nun den Tee genießen, so wurde von solch einem Kuchen ein Stück abgebrochen, in Salzwasser zusammen mit Reis, Ingwer, verschiedenen Gewürzen, darunter sogar Zwiebel und Milch, zu einer breiartigen, dicken Suppe gekocht. Am treffendsten nennt man diese Zubereitungsart „Teekuchen kochen". Daß diese Beschreibung den Tatsachen entsprach, beweist der heutzutage noch bestehende Brauch in manchen Gegenden Tibets und der Mongolei, den Tee so zu genießen. Vielleicht ist auch die europäische Sitte, den Tee mit einer Zitronenscheibe oder mit Milch zu versetzen, eine Erinnerung an jene Zeiten.

Die Änderung in der Zubereitung läßt sich vielleicht mit dem Auftreten des Buddhismus in China in Zusammenhang bringen, scheint doch zu diesem Zeitpunkt die Kenntnis eines außerchinesischen Vorkommens von Tee in China durch buddhistische Mönche Platz gegriffen zu haben. Engelbert Kämpfer brachte 1693 eine alte Legende aus Japan nach Europa mit, die sogenannte Darma-Sage, die eines festen geschichtlichen Untergrundes nicht entbehrt. Darnach soll um das Jahr 500 ein frommer Inder namens Darma als Apostel seines buddhistischen Glaubens nach China gekommen sein. Um auf das Volk einzuwirken und es von der Wahrheit seiner Lehre zu überzeugen und durch seinen vorbildlichen Lebenswandel des Himmels Gnade zu erlangen, pflegte er die Nächte mit religiösen Übungen hinzubringen und zu wachen. Im Unmut darüber, daß er dabei einmal vom Schlafe überwältigt wurde, schnitt er sich seine Augenlider, die auf alten Bildern stark hervorgehoben gezeichnet sind, ab und warf sie auf die Erde. Am nächsten Morgen waren daraus kleine Stäudchen gewachsen. Als er staunend und einer Eingebung folgend deren Blätter kostete, fand er zu seiner Verwunderung, daß seine Müdigkeit wich und neue Kraft seinen Körper durchströmte. Es war Tee. Hier sei erwähnt, daß in der japanischen Sprache auch heute noch ein und dasselbe Wort und Schriftzeichen für „Tee" und „Augenlid" gebraucht wird.

Hinter diesem Darma ist nun Daima (chinesisch Ta-mo), der dritte Sohn des indischen Königs Kasiawo, versteckt. Daima war der 28. Nachfolger Buddhas auf dem hl. Stuhle von Siaka und gilt als Gründer der östlichen Religion. Im Jahre 527 brachte er die buddhistische Weltanschauung nach China. Der Bodhi-darma landete in Ku-ang-tschou (= Kanton) als einfacher Missionar und konnte bald die Sekte schan-tsung gründen. Streicht man nun von der Sage des Darma alles Legendenhafte ab, so bleibt die Tatsache übrig, daß damals der Tee, und zwar der indischen Ursprungs, um diese Zeit in China eingeführt wurde. Es scheint demnach das Trinken des Tees auch in Indien autochthon erfunden worden zu sein, vielleicht über die Brücke der hinterindischen Völker mit oder sogar schon vor den Chinesen.

Wie die Jesuiten in späterer Zeit, waren die buddhistischen Mönche am kaiserlichen Hofe nicht ungern gesehen und erhielten manche verantwortungsvolle Stellung. So wird vom Kaiser Wen-ti-sui (581 bis 604 n. Chr.), unter dem der Buddhismus volle Duldung erfuhr, berichtet, daß ihm sein Arzt, ein Mönch Buddhas, als Heilmittel gegen Kopfweh den Tee angepriesen habe, welches Mittel in der Tat auch seine Heilwirkung ausgeübt haben soll.

Tschin-mung, ein gefeierter Lehrer der Lebensweisheit, der um 560 n. Chr. lebte, scheint wie alle Gelehrten und Priester Tee recht hoch geschätzt zu haben; er erkannte seinen Vorzug zu beleben ohne zu betäuben und schließt sein Lob mit den Worten: „Tee ist besser als Wein, denn er vermittelt keinen Rausch."

Yen-schi-ku, ein Schriftsteller des 7. Jahrhunderts, der Erläuterungen zur „Geschichte der älteren Han" herausgab, läßt die Änderung des Wortzeichens tu in tscha, auf die Teepflanze angewendet, zu seiner Zeit stattfinden. So sei auch der Name der Stadt tu-ling-hien damals in tscha-ling-hien umgewandelt worden, die heute als tscha-ling-tschou in Hunan bekannt ist. Das große chinesische Wörterbuch li-tai-ti-li-tschi, das zwischen 600 und 700 entstand, bestätigt diesen Vorgang.

Im 7. Jahrhundert findet sich die erste Angabe über eine Ausfuhr von Tee aus China. Der Sohn des Königs Srong-tsen-gam-po (629 bis 698 n. Ch.) führte ihn in seine Heimat Tibet ein, wo er langsam, aber stetig Boden gewinnend, zum Nationalgetränk wurde, das heute aus dem Leben des Tibetaners nicht mehr weggedacht werden kann. Daß er auch hier dem neuen Glauben an Buddha folgte, ist auffallend. Interessant ist noch folgende Angabe verschiedener Tibetforscher: Dem Eingeborenen fehlt für kürzere Entfernungen das Zeitmaß. An dessen Stelle tritt für ihn die Tasse Tee, so sind 3 Tassen Tee etwa 8 Kilometer gleichzusetzen.

In China kam nun die Dynastie Tang zur Herrschaft (618 bis 906 n. Chr.), das Reich erlebte nicht nur eine Zeit glänzender äußerer Macht, sondern es bricht auch eine Renaissance der Kultur, eine Glanzzeit von Malerei und Poesie an, die auch am Tee nicht vorbeiging.

Von den Klassikern des 7. und 8. Jahrhunderts immer noch mit tu, daneben mit kia und auch sche bezeichnet, war er hochgeschätzt wegen seiner Eigenschaft, die Mattigkeit von Körper und Geist zu mildern und den Willen zu stärken. Aber auch als Heilmittel wurde er gepriesen; er sollte die Sehkraft des Alters bessern und ein brauchbares Mittel gegen Geschwüre und Geschwülste sein. Er wurde dabei nicht nur als Medizin zum Einnehmen, sondern häufig auch äußerlich in Form von Pasten gegen rheumatische Schmerzen verordnet, ja, die Anhänger der Lehre Tao erklärten ihn sogar für einen wichtigen Bestandteil des Elixiers der Unsterblichkeit. Die Buddhisten bedienen sich seiner in ausgiebigster Weise als Mittel während der langen Stunden ihrer Meditationen, den Schlaf zu bannen. Die Dichter des Südens betrachteten den Tee als Zeichen des guten Tons und hinterließen eine Reihe von Bruchstücken, die von ihrer glühenden Verehrung für den „Schaum von flüssigem Nephrit" zeugen. Gerade

Pflanzen von Teesamen in Saatbeete (Ceylon)

Kultur von Tee-Stecklingen in vorbereiteten Beeten

Tafel 4

Versetzen von Jungpflanzen

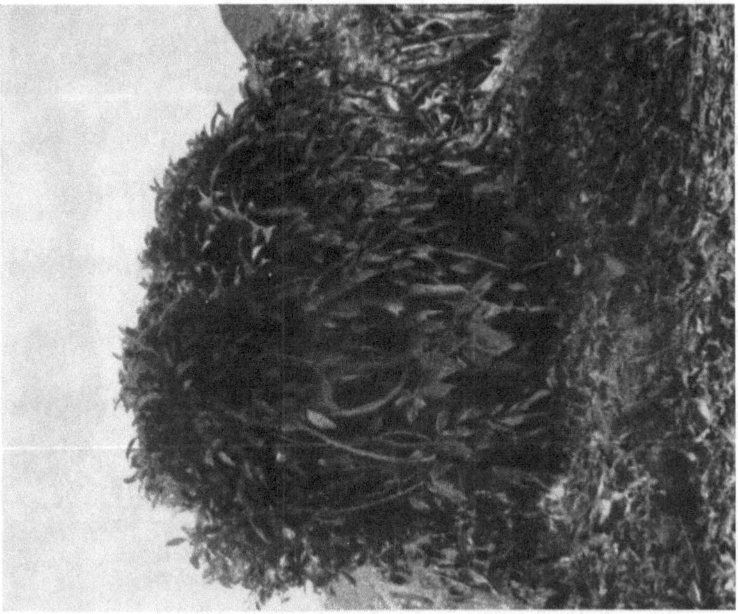

Pflückreifer Teestrauch

dieser Vergleich ist ein Beweis dafür, daß das Getränk ein wesentlich anderes Aussehen gehabt haben mußte als heute. Nach Ansicht seiner Verehrer schärft der Tee den Geist, macht das Gemüt froh, erweckt die Gedanken und verhütet den Schlaf, erfrischt den Körper und vergrößert endlich die Aufnahmefähigkeit. Im Hinblick auf die modernen Forschungsergebnisse stimmen diese Angaben mit der heutigen Anschauung überein. Zur Tangzeit pflegten auch die Kaiser ihrer Gnade dadurch Ausdruck zu verleihen, daß sie ihre Dankbarkeit gegenüber hohen Würdenträgern durch seltene, streng geheimgehaltene Rezepte für die Zubereitung von Tee zum Ausdruck brachten.

All diese Verehrung hielt aber geldbedürftige Fürsten nicht ab, den Tee mit Steuern zu belegen. Als die Tibetaner im Jahre 785 in China einfielen, sandte auf dringenden Wunsch des Kaisers Te-tsung (780 bis 805 n. Chr.) der zweite Kalif von Bagdad, Abu Dschafar al Mansur, zum zweiten Male eine erhebliche Macht mohammedanischer Krieger, etwa 4000 Mann, dem kaiserlichen Bittsteller zu Hilfe. Um den Unterhalt für diese Söldner aufzubringen, verdoppelte dieser nun die bereits eingeführte Teesteuer.

Unter demselben chinesischen Kaiser wurde der Tee auf dem Landwege durch Mittelasien bis nach Vorderasien gebracht, wohl auf der sogenannten Seidenstraße, und kam mit dem Austausch freundschaftlicher Gesandtschaften von China nach Bagdad. Chinesische Dschunken, die meist in der Gegend von Kanton gebaut wurden, befuhren nicht nur die chinesische See, sondern dehnten ihre Fahrten bis Ceylon und Indien aus, um Fühlung mit den dortigen großen Reichen zu bekommen. Im indischen Hafen Pandarani überwinterten diese wagemutigen Schiffer Chinas, die Kaulan-Inseln waren ihr wichtigster Umschlageplatz. Neben der Seide als altem, hochgeschätztem Handelsgut mag auch mancher Ballen Tee diesen Weg ins Ausland gegangen sein.

Zur Zeit der Tangdynastie scheint wieder eine einschneidende Änderung in der Zubereitung des Tees ihren Anfang genommen zu haben; er wurde fast nur mehr als Getränk genossen. Sein Anbau und seine Herstellung werden in geordnete Bahnen gelenkt, fast könnte man sagen industrialisiert. Der neue Erwerbszweig wurde nach den Annalen der Tang, wohl aus Steuergründen, einem besonderen kaiserlichen Amte unterstellt, das für alle den Tee betreffenden Anlegegenheiten verantwortlich war. Auch das Geheimnis der Herstellung des Porzellans trat aus dem Dunkel, das sie bisher verhüllte, heraus, wenn es nicht überhaupt erst im 7. Jahrhundert erfunden wurde.

Der Tee wurde nunmehr das erste Nationalgetränk Chinas und gab seinen Platz nicht mehr auf. Es ist demnach kein Wunder, wenn ums Jahr 800 der erste Apostel des Tees ihn auch in der Literatur weit über sein Vaterland hinaus berühmt und begehrt machte. Han-jü (Lu-jü) war sein Name, er lebte von 768 bis 824, sein Werk hieß tscha-king, d. h. das Buch vom Tee. Es wurde die heilige Schrift aller ostasiatischen Teetrinker, und sein Dichter und Schöpfer wurde auch bis jetzt noch als Standesgott der chinesischen Teehändler verehrt. In 10 Kapiteln hat der anerkannte erste Meister chinesischer Kunstprosa, den spätere Geschlechter wan-gung, d. h. Literaturfürst, nannten, eine Abhandlung über die Teepflanze geschrieben. In dieser werden ausführlich und doch kunstgerecht die Herkunftsorte des Tees — hier wird unter schon vielen anderen Bezirken auch die Stadt Tscha-ling erwähnt —, die Sorten des Tees, seine Zubereitung, die hierzu notwendigen 24 Geräte — diese mit Abbildungen —, die Verschiedenheit des Teezeremoniells und was noch alles mit dem Tee in Zusammenhang steht, in selten durchgeistigter Weise dargestellt.

Es ist nicht zuletzt Han-jü's Anregung zuzuschreiben, wenn sich zur gleichen Zeit die Art, den Tee zu genießen, zu ändern begann. Zwar ist das verwendete Rohmaterial immer noch der Teekuchen, seine Stücke werden aber im Gegensatz zu früher über einem Holzkohlenfeuer leicht angeröstet, man könnte sagen gedörrt, und darauf zwischen zwei Blättern zarten Papiers zu Pulver zerrieben. Alle gewürzlichen Zusätze werden verschmäht, nur mehr der eigentliche Wohlgeschmack des Tees gesucht, den man zu fördern vermeinte durch Zugabe einer kleinen Prise Salz, das man ins Wasser warf, wenn die ersten zarten Perlen beim Kochen emporstiegen. Der Tee wird als Getränk genossen, nicht mehr als dicke Brühe, ja, man wurde sogar in bezug auf das verwendete Wasser wählerisch. Nennt doch Han-jü das frische, reine Quellwasser der Berge das beste Grundelement für den Tee. Auch bleibt seit seiner Schrift das Wortzeichen tscha allgemein für Tee üblich, während das ältere Wort tu verschwindet und tschu-an nur mehr, bis ins 11. Jahrhundert, für alte und grobe Blätter verwendet wird.

Der Tee wurde ein bedeutender Bestandteil des Handels und damit ein gesuchtes Steuergut. So bestanden z. B. im Jahre 879 die Haupteinkünfte der Stadtverwaltung von Kanton in den erhobenen Zöllen auf Salz und Tee. Hier sei auch erwähnt, daß die Araber den chinesischen Tee um 850 n. Chr. kennen lernten.

Nach dem Sturze der Dynastie Tang im Jahre 906 verfiel China gründlich. Politisch zerrissen, verwüstet durch Bruderkriege, geschwächt durch verlorene Schlachten gegen das feindliche Ausland, zermürbt durch Beutezüge umfangreicher Räuberhorden wurde der Wohlstand des Volkes vernichtet. Damit schwand auch die Geruhsamkeit dahin. Während einer Zeitspanne von 60 Jahren ruht auch die Kunde über den Tee. Erst die darauf folgende Sung-Periode (960 bis 1279 n. Ch.) brachte trotz militärischer Schwäche und politischer Demütigung einen starken Aufschwung in Kunst und Wissenschaften. Zu dieser Zeit setzte sich die zweite Schule des Tees, der Pulvertee, durch, wieder unterstützt durch eine neue Schrift über den Tee. Es war das Buch tscha-bu, das, um 975 begonnen, erst gegen Ende der Dynastie Sung abgeschlossen wurde.

Die Blätter des Teestrauchs wurden nunmehr an der Sonne getrocknet, in einer kleinen Steinschale zu Pulver verrieben und mittels eines kleinen, feinen Besens aus Bambusrohr, dessen eines Ende in zarte Fasern gespalten war, staubfein geschlagen. Um diese neue Aufbereitungsart durchführen zu können, mußte eine Reihe von Veränderungen in den bisher benützten Teegeräten, wie auch in der Auswahl der Blätter, vorgenommen werden. Gleichzeitig erreicht die Töpferei mit geflossenen Glasuren ihren Höhepunkt. In kaiserlichen Fabriken wurden — heute unbezahlbare — Teetassen von leuchtenden Farben hergestellt, vollendet in Form und Farbe. Das Porzellan beginnt seine spätere Stellung zu gewinnen. In wundervollen Gefäßen wurde der Tee angebrüht, jetzt ohne Salz, das für immer verschwindet. Er begeisterte die Trinker zu immer neuen Versuchen; Feinschmecker wetteifern in der Entdeckung neuer Sorten wie im Vermischen bereits bekannter, und es wurde über die Tasse eines bestimmten Tees in regelrechten Turnieren entschieden, an denen sich auch Dichter und Fürsten beteiligten. Su-schi (Tung-po), ein Dichter und Prosaiker von Rang (1036 bil 1101), spricht von der „Kraft der unbefleckten Reinheit des Tees", der Kaiser Hui-tsung (1101 bis 1125) verschwendet nicht nur gewaltige Schätze für die Jagd auf seltene Teesorten, sondern schrieb auch persönlich eine Abhandlung über den Tee. Es entstand in der Sekte der Zen (chinesisch tschan-hüo, d. h. Meditationsschule), die in sich viele taoistische Lehren verkörperte, ein Tee-Ritual mit stark verästelten Gebräuchen und Handlungen. Sein Inhalt war die Versammlung der Mönche vor dem Bilde Buddhas, bei der in sakramentaler Feierlichkeit aus einer Schale gemeinsam der Göttertrank genossen wurde. Auch der Brauch, dem Gaste zur Begrüßung eine Schale Tee anzubieten, der heute noch in ganz China geübt wird, stammt aus der Sungzeit.

Herbeigerufen durch kurzsichtige Sungkaiser fielen seit 1253 die Mongolen in China ein und vernichteten die Blüte der Sungperiode. Der Tee setzte sich aber auch bei den Eindringlingen durch, die ihn bald zu schätzen wußten. Der große Kubilai-Khan (1270 bis 1294) setzte kurzerhand seinen Finanzminister ab, weil dieser in irgendeiner Provinz die Teesteuer willkürlich erhöht hatte. Aus dem Jahre 1295 wird auch von einer Teesteuer in der Provinz Kiang-si berichtet. So berichtet wenigstens Marco Polo im Jahre 1285, der 1275 bis 1292 in China weilte.

Im Jahre 1314 schrieb Wang-(ju-)tscheng sein Werk nung-schu über Landwirtschaft und pries darin den Tee. Die Tassen aus Porzellan wurden mitsamt dem Tee jetzt bis nach Indien, ja bis nach Marokko ausgeführt, so berichtet 1342 Abu Abdallah Mohammed, genannt Ibn Batuta, d. h. der Reisende. Er war als Abgesandter des Hofes von Delhi in China und beschrieb die Handelsplätze von Kanton bis Hang-dschau, das damals die bedeutendste Stadt am mittleren Yang-tse-kiang war. Den Tee als Getränk erwähnt weder Marco Polo noch Ibn Batuta, der Grund hierfür ist nicht bekannt.

Nach Vertreibung der mongolischen Barbaren kam die nationale Dynastie Ming (1368 bis 1644) an die Herrschaft; sie war bestrebt, eine Wiedergeburt ins Leben zu rufen, war aber dauernd durch innere Unruhen, Plünderungszüge der Mongolen (1522 bis 1566) und Einfälle japanischer Seeräuber gestört. Das Wirtschaftsleben litt unter argem Mißbrauch von Papiergeld, die Verwaltung war korrumpiert und ganz in den Händen der kaiserlichen Eunuchen. Zwar wurde der Teeanbau um 1500 im Bereich verschiedener Provinzen versucht und auch in manchen erfolgreich durchgeführt, aber die Zeremonie, die zur Sungzeit den Tee umhüllte, ging unwiederbringlich verloren. Sitten und Gebräuche im Genuß wechselten in so starkem Ausmaße, daß von den früheren keine Spur mehr übrig blieb. Die Teeblätter wurden nun unvergoren geröstet und der Pulvertee so vergessen, daß selbst Kenner gegen Ende des 15. Jahrhunderts außerstande waren, die Form des Teeschlägers auch nur zu beschreiben.

Unter dem Kaiser Schen-tsung (Wan-li), der von 1573 bis 1619 regierte, wurde ein kraftloser Versuch gemacht, das Teezeremoniell wieder aufzurichten, die schweren Kämpfe, durch die die Mandschu die Oberhoheit über China errangen, vereitelten diesen Plan. Als Dynastie Tsing kamen die Mandschu 1644 zur Herrschaft, die bis 1912 dauerte.

Von einschneidender Bedeutung für die Geltung des Tees auf der Welt war die Genehmigung, die Kaiser Scheng-tsu (Kang-hsi) (1662 bis 1722) der Ostindischen Kompanie im Jahre 1676 erteilte, wodurch dieser der Handel mit den chinesischen Kaufleuten in Kanton gestattet wurde. Tee und Seide waren die beiden, von Europa verlangten Waren Chinas. Kanton, der alte, im chinesischen Überseeverkehr seit den Zeiten Roms beliebte, ja einzige Handelshafen, blühte jetzt erneut empor. 1702 wurde eine Kontrolle des Handels mit Europa, der „kaiserliche Kaufmann" gegründet, wohl eine Art von Ausfuhramt. An seine Stelle trat 1720 die rein chinesische Händlergilde ko-hong, die bis 1771 den Teehandel lenkte. Nach einer kurzen Unterbrechung folgten 1782 die hong-merchants; der Handel in Tee war endgültig von den um 1514 in Kanton eingetroffenen Portugiesen in englische Hände übergegangen.

Wie die deutschen Kaiser des Mittelalters beim Einzug in eine getreue Stadt einen Becher Wein dargereicht erhielten, so scheint bei den Mandschu eine ähnliche Sitte mit einer Tasse Tee bestanden zu haben. So hatte der Kaiser Kau-tsung (Kien-lung) (1736 bis 1795) die hohe Gnade, seinem siegreich aus Tibet zurückkommenden Feldherrn Tschau-hui 1760 beim Einzug in Peking eine Tasse duftenden Tees zu reichen als Zeichen seines kaiserlichen Dankes.

Derselbe Kaiser schrieb im Jahre 1793 an König Georg von England: „..... da aber Tee, Seide und Porzellan, die das himmlische Reich erzeugt, für die europäischen Staaten und Euch selbst notwendig sind, soll der beschränkte Handel, der bis jetzt in Kanton erlaubt war, bestehen bleiben."

Der Versuch des Kaisers, mit diesem Zugeständnis in England politische Erfolge zu erzielen, war nutzlos.

Auch die Mandschu verstanden nicht, die Herrschaft über das Reich der Mitte zu bewahren, es folgt nach starken Anfängen bald eine Zeit dauernder Bürgerkriege, die Nutznießer der Schwäche Chinas waren jetzt die europäischen Staaten. Zwar erloschen 1834 die Hoheitsrechte und Monopole der Ostindischen Kompanie, aber China wurde zwangsweise an den Welthandel angeschlossen, nicht zuletzt des Tees, seiner damaligen Hauptausfuhrware, wegen. Im Verlaufe des Opiumkrieges wurden Januar 1841 Hongkong und Juni 1841 Kanton von den Engländern besetzt, am 29. August 1842 wurde der Friede von Nanking geschlossen, der neben der Aufhebung des Monopols der Hongs den Engländern verschiedene Hafenplätze, darunter Schanghai, einbrachte, Hongkong mußte ganz an sie abgetreten werden. Die Kämpfe mit den „roten Barbaren" waren aber nicht so einschneidend, daß sich der Handel, besonders in den Grenzgebieten, nicht bald erholt hätte. Schon im März 1842 bezahlten die Engländer nur für Teezoll allein die gleiche Summe wie Kantons Lösegeld betragen hatte, ein Beweis für die Ausdehnung des Teehandels.

Es folgten die fürchterlichen Geschehnisse der Taipingrevolution (1850 bis 1864), die für den Tee eigentümliche Folgen hatte. Die Rebellen zerstörten einerseits die berühmten Teegärten um die Stadt Han-kau so gründlich, daß heute noch an den Hängen des ehemals teeberühmten Mo-kan-schan nur mehr Bambusgestrüpp wächst. Dagegen wurde die Ausfuhr von Seide und Tee andererseits aus anderen Provinzen erheblich gesteigert, da das Inlandsgeschäft brach lag. Im Jahre 1854 wurde in den Vertragshäfen der europäische Teezolldienst eingeführt, der erst eine wirkliche Kontrolle über die Teeausfuhr zuließ.

1856 begannen die Feindseligkeiten mit England wieder, sie wurden beendet durch den Frieden von Tientsin (1860), durch den neben anderen Verpflichtungen die Chinesen den Yang-tse-kiang bis Han-kau dem westlichen Handel öffnen mußten, um den Engländern den Zugang zum Zentrum des Teehandels von Tsche-kiang zu ermöglichen. Die Taiping-Rebellen kämpften während dieser Zeit weiter, der nunmehrige Führer Dschung-Weng legte aber als geschäftstüchtiger Mann großen Wert auf die ungestörten Beziehungen mit Europa, wodurch gerade die Ausfuhr von Tee aus dem Revolutionsgebiet gesteigert wurde.

Nun folgt Übergriff auf Übergriff der fremden Mächte; nur selten fand China die Entschlußkraft, sich zu wehren wie gegen die Abfallgelüste Tibets im Jahre 1888. Auch hier war der Tee das eigentliche Kampfobjekt, unterliegt er doch in Tibet als Handelsmonopol der Verfügung der Lamas und Beamten, die ihn gegen die Absichten Chinas mit zähem Widerstand verteidigten.

1911 verstand China im russisch-chinesischen Streite das Teehandelsmonopol in der Mongolei für sich aufrechtzuerhalten.

Im Jahre 1926 wirkten sich die militärischen Handlungen im Gebiete von Han-kau äußerst störend auf die dortige Teeindustrie aus.

Die neue Zeit brachte in China dem Tee wieder neuen Auftrieb. Zwar betrachtet nach von Richthofen die ärmere Bevölkerung Chinas den echten Tee als Luxusware und verwendet alle möglichen und unmöglichen Surrogate wie Brennesselblätter, nur um das schlechte Wasser, das wegen der drohenden Typhusgefahr abgekocht werden muß, schmackhaft zu machen. Aber für vermögendere Chinesen ist der Tee das Getränk des Tages geworden.

Trotz aller Versuche, dem Wesen des Landes China näher zu kommen, war es für uns Europäer außerordentlich schwer, schon bei einem geöffneten Lande ein einigermaßen klares und eindeutiges Bild von den Vorgängen im Innern des Landes zu erhalten. Unser Vorstellungskreis ist stark beeinflußt von Nachrichten, die aus den schon stark europäisierten Küstengebieten stammen. Der echte Chinese ist sehr zurückhaltend und wenig geneigt, seine Gedanken dem Ausländer kundzutun. Das Grundübel, unter dem der Teeanbau in China litt, lag neben den langwierigen Kampfhandlungen in den unglücklichen Besitzverhältnissen. Der Grundbesitz, der von Pächtern, Unterpächtern und vollkommen besitzlosen Arbeitern, von denen jeder bis zur Unerträglichkeit verschuldet war, bearbeitet wurde, gehörte meist Rentnern, die fern von der Scholle in Städten lebten und die ungeheuere Renten, bis zu 65% der jährlichen Ernte, für sich forderten. Aus diesem Grunde waren manche Provinzen (An-hui, Ki-ang-si, Hu-nan) agrarkommunistisch verseucht. Was aber heute hinter dem eisernen Vorhang vor sich geht, bleibt völlig unklar; Tatsache ist, daß China heute (1955) als Teeausfuhrland fast völlig ausgeschaltet ist, was die westlichen Märkte anbelangt. Ob es sich im Sowjetblock einen Ersatzabnehmer geschaffen hat, bleibt dahingestellt, die Erzeugung dürfte Schätzungen zufolge nur mehr 60% des Vorkriegsstandes betragen.

Es ist aber anzunehmen, daß der konservativ denkende Bauer nach wie vor seinen Tee wie alle seine Vorfahren als Nebenerzeugnis neben dem Reis pflanzt, denn nur selten wuchsen feinere Sorten auf stufenförmig angelegten Hügelgärten. Das Endresultat ist heute aber das: Der Bauerntee Chinas wurde auf dem Weltmarkte vom Maschinentee des indischen Kulturkreises verdrängt, die europäische Technik siegte über die Landwirtschaft Chinas.

Es erübrigt sich noch, einen kurzen Blick auf die dem Tee verbundene Porzellanindustrie zu werfen. Diese Sonderware Chinas nahm zur Zeit der Dynastie Ming einen riesenhaften Aufschwung und gewann weitgehend Weltruf. Die Künstler des Porzellans waren von dem Bestreben erfüllt, den wundervollen Farbton des Nephrits in ihren Erzeugnissen nachzuahmen. Alle Farben, deren Verwendung schon zur Zeit der Dynastie

Tang erfunden worden war, gaben dem Genießer des Tees die Farbe zum Geschmack hinzu. Es erhob sich wieder ein wissenschaftlicher Streit, welches die geeignete Farbe für Teetassen sei. Han-jü hielt für seine Person das Blau des Südens für die ideale Farbe, da es das Grün des Getränkes verstärke und hebe, während das Weiß des Nordens den Trank unschön erscheinen lasse. Die Teemeister der Sung-Zeit dagegen bevorzugten schwarzblaue und dunkelbraune Schalen, die Kenner aus der Zeit der Ming schworen auf das durchscheinende weiße Porzellan, wobei es gleichgültig war, ob seine Duftigkeit verziert war oder ohne Zierrat wirkte.

1369 wurde die kaiserliche Manufaktur in King-te-tschen gegründet; ihre Erzeugnisse waren weltberühmt, wurden sie doch bis Indien und Marokko ausgeführt. Sie sind noch heute Vorbilder, schlecht und recht nachgeahmt, für Vasen und Teller der modernen europäischen Industrie, und zeigen manchmal als Muster die lieblichen Blütenzweige des Teestrauches.

Zum Abschluß sei noch an dieser Stelle der verschiedenen chinesischen Namen des Tees gedacht, die mit einer Ausnahme alle chinesischen Ursprungs sind. Erst unter dem Wortzeichen tscha hat sich der Tee, Pflanze sowohl wie Getränk, weit verbreitet. Japan, das wohl am ersten Berührung mit China hatte, nennt ihn tscha, der nachbarliche Russe tschai, Portugal trinkt ihn unter dem Worte tscha, die Araber als schay, die Inder ebenfalls als scha — all diese Worte entstammen dem Mandarin-Dialekt. Aus einer anderen Sprachgruppe, aus Amoy (te) und Fukien (tiä) stammen die europäischen Bezeichnungen, in Deutschland Tee, in England tea (ursprünglich te, erst später ti ausgesprochen), in Frankreich the, in Holland thee, in Italien te. Ganz allein für sich steht die Bezeichnung Polens, herbata, die eine Verstümmelung der lateinischen Worte herba teae ist.

Japan

Der zweitgrößte Staat Ostasiens, Japan, war lange Jahrhunderte hindurch auf Grund seiner Insellage von der übrigen Welt abgeschlossen. Er übernahm schlechthin alles Kulturgut vollendet von China, teils unmittelbar, teils über Korea, und hat nur wenige Zweige davon in nationaler Weise entwickelt. Auch den Tee hat Japan in allen seinen drei Perioden kennengelernt, auch in Japan hat er sich als das Getränk des Tages eingebürgert, und zwar auf so einschneidende Weise, daß Wohnen und Lebensgewohnheiten, Kleidung und Küche, Porzellanherstellung, Lackarbeit und Malerei, ja selbst die Literatur von ihm beeinflußt wurden. Eine gewisse innere Beschaulichkeit des japanischen Volkes war dieser Entwicklung des Tees sehr günstig, so daß er sogar als Ausdruck der Bewertung des Mitmenschen im Sprachgebrauch Aufnahme fand: Ist ein Mensch unempfindlich gegen die Tragikomik des Lebens, so nennen ihn die Japaner einen Menschen

„ohne Tee in sich", ist er allzu gefühlvoll im Erleben der Dinge, so wird er als „mit zuviel Tee in sich" spöttisch begutachtet.

Alle Nachrichten von der Einführung des Tees zum Anbau in Japan, die vor dem Jahre 400 n. Chr. liegen, sind eitel Sage, ist doch die japanische Vorgeschichte nicht frei von erfindungsreichen Fälschungen. Wahrscheinlich kam die erste Kunde vom Tee mit dem Eindringen des Buddhismus in das Inselreich; so meldet ein sagenhafter Bericht, daß chinesische Bonzen den Tee und seinen Gebrauch nach Japan verpflanzt hätten. Sicher ist die Nachricht, daß im Jahre 552 unter der Regierung des Kaisers Kim-mei (540 bis 571 n. Chr.) Mönche aus China den Tee über Korea nach Japan brachten. Da erst 621 der Buddhismus Staatsreligion wurde, wird auch der Tee vorher nicht in weiteren Kreisen bekannt geworden sein.

Noch im Jahre 729 bewirtete der Kaiser Scho-mu in seinem Palaste zu Na-ra hundert Mönche des Klosters Scho-to-ku Tai-schi, in das der Kaiser 748 selbst eintrat, mit Tee, dessen Blätter noch aus China eingeführt waren.

Im Jahre 801 brachte der Mönch Sai-tscho einige Teepflänzchen aus China mit und pflanzte sie am Berge Hi-ei-san bei Ky-o-to dort an, wo 805 für die Ten-dai-Sekte ein Kloster errichtet wurde. Nach einer anderen Quelle soll 805 der buddhistische Priester Den-ky-o Dai-schi der Überbringer des ersten Teestrauches gewesen sein — sicher ist, daß ab 810 der Tee in Japan mehrfach angebaut wurde. Großen Einfluß erhielt die Pflanze aber während der nächsten Jahrhunderte nicht, wenn auch eine Reihe von Teegärten aus dieser Zeit erwähnt wird. Sie waren aber wohl nur Pflanzungen kleineren Umfangs und vielleicht nichts anderes als kostspielige Liebhabereien von einzelnen Klöstern und Burgherren. Man hört wohl von dem Entzücken, das Adel und Priesterschaft im Genusse des Tees fanden, wieviel von ihm aber noch aus China stammte und als Fertigware eingeführt wurde, ist unbekannt. Den-ky-o Dai-schi wurde als Prophet des Tees angesehen und ihm zu Ehren im Jahre 1206 auf dem Taga-nowo im U-dschi-Distrikt ein Tempel erbaut.

Die Verehrung für alles, was mit dem Tee irgendwie zusammenhing, steigerte sich seit dem Jahre 1191, als Ei-zai Zen-ji aus China, wo er die Weltanschauung der südlichen Zen-Sekte studiert hatte, zurückkehrte und die Gepflogenheiten seiner chinesischen Lehrer in einer neugegründeten Sekte fortpflanzte. Als Rin-zai gewann sie bald überragende Bedeutung im geistigen Leben Japans und mit ihr und durch sie der Tee. Denn mit dem Ritual der Zen wurde auch das Tee-Zeremoniell, japanisch tscha-no-ju (Heißwasser-Tee), entwickelt und ausgebaut, das ganz auf der zenistischen Anschauungsweise fußt, die auch in den kleinsten Begebenheiten des Tages die große Linie des Lebens sah. Der Tee der Sung-Dynastie gewann nicht nur die Liebe der Zen-Mönche, die ihn reihum gemeinsam aus einer Schale vor dem Bilde Buddhas genossen, sondern des ganzen Volkes, und das chinesische Vorbild erreichte hier seinen Höhepunkt. Die neuen Pflanzen,

„Two leaves and a bud"

Zwei Blatt und eine Knospe werden gepflückt

Teeplantage in Darjeeling

Teeplantage in Südindien unter Schutzbäumen

die Ei-zai mit nach Hause brachte, wurden mit Erfolg und im größeren Umfange an drei Örtlichkeiten angebaut. Eine davon ist der U-dschi-Distrikt bei Ky-o-to in der Provinz Ya-ma-schi-ro, der noch heute in Japan den Ruf genießt, den besten Tee „der Welt" hervorzubringen. Die feinsten Sorten dieses Vorkommens waren einst für den Mikado und seinen Hof bestimmt und kamen wohl ebensowenig in die Hand gewöhnlicher Sterblicher wie der echte chinesische Kaisertee.

Der erfolgreiche Widerstand, den die Japaner im Jahre 1281 der mongolischen Invasion entgegensetzten, machte es ihnen möglich, die in China selbst so verhängnisvoll zerstörte Sung-Kultur glanzvoll fortzusetzen, was auch für die Ausbreitung des Teegenusses äußerst wichtig war.

Etwa um 1460 lebte am Hofe des Schoguns A-schi-ka-ga Yo-schi-ma-sa (1443 bis 1475) der Priester und Lehrer des Fürsten namens Schu-ku. Er war der Schüler des großen Malers So-a-mi und hat dessen künstlerischen Einfluß nie vergessen. War bisher das Teeritual ein Teil der gottesdienstlichen Handlungen des Zenismus, so anerkannte Schu-ku das Weltliche als gleichberechtigt und brachte so dem Teegenuß großen Fortschritt. Er schuf die vollständige feste Regelung des Rituals für alle Teegesellschaften, faßte alle Gebräuche der Mönche in eine neue Form zusammen und gab seiner künstlerischen Erziehung großen Spielraum. Neue Gedanken kamen besonders in der Kunst der idealen Blumenaufstellung zur Geltung. Widmeten die Japaner den Blumen an sich schon eine gewisse religiöse Verehrung, so wurde der blumengeschmückte Platz im Teeraum, japanisch To-ko-no-ma, der Ehrenplatz.

Die auf Schu-ku folgenden Teemeister haben die klassische Architektur Japans nicht weniger beeinflußt wie die Kunst der Innenausstattung. Fast alle berühmt gewordenen Gartenanlagen Japans verdanken ihnen die Entstehung. Ohne sie hätte auch die Keramik, die in Nachbildung chinesischer Formen Wunderbares leistete, ihre hohe Stellung nicht gewonnen, ohne sie wäre die Kunst des Webens nicht vollendet worden. Kein Kunstgebiet, sei es Malerei oder Lackarbeit, wäre ohne ihren Einfluß gediehen, stand doch auch die Art der allgemeinen Lebensführung unter ihrer Einwirkung.

Die höchste Blüte und Vollendung des Rituals verdankt der Tee dem größten aller Teemeister Se-no So-je-ki, als Zenisten-Mönch Ri-ki-ju genannt. Er lebte von 1544 bis 1591, und sein Todestag wird heute noch von den Bewunderern und Freunden des alten Teezeremoniells festlich begangen. Er ordnete die alten, zum Teil in Unordnung geratenen Regeln und ergänzte sie in seinem Werke tscha-du, das ist „der Teeweg", dessen eingehende Vorschriften sich bis in unsere Tage erhalten haben. Er schuf in Japan den ersten, für sich stehenden Teeraum, su-ki-ja genannt, schrieb seine Größe, Ausstattung und Bemalung vor, auch den zulässigen Schmuck, der meist aus einzelnen frisch gepflückten Blumen besteht. War der Raum eingebaut in ein Haus, so hieß er Klause, japanisch ka-koi. Beide Arten waren klein, entbehrten jedes festen Schmuckes und lagen abseits von den anderen Zimmern des Hauses. Aber trotz der gesuchten äußerlichen Armut — der Raum ist ja nichts weiter als die Nachbildung einer Zelle eines alten Zen-Klosters — war der Raum durch den auserlesenen Geschmack, der auf seine Einrichtung verwendet werden mußte, oft teuerer als das ganze übrige Haus. Zum Teeraum gehörte immer ein Vorraum, japanisch mi-zu-ja, und eine Vorhalle, japanisch ma-tschi-ai, die durch einen Gartenpfad, japanisch ro-tschi, mit ihm verbunden waren. Auch die Gartenanlagen selbst um das japanische Haus wurden durch die tscha-jü, d. h. die Teezeremonienmeister, geordnet, wenn nicht überhaupt erst eingeführt.

Aus dem Jahre 1584 stammt folgende Regel, von der unbekannt ist, ob sie von Ri-ki-ju selbst oder von einem seiner Schüler aufgestellt wurde:

1. Sobald die sämtlichen geladenen Gäste auf der Bank vor dem Hause des Gastgebers versammelt sind, künden sie diesem ihre Anwesenheit durch Schläge auf ein großes Brett an.

2. Wichtig ist nicht nur die Sauberkeit des Gesichts und der Hände, sondern auch die Reinheit des Herzens.

3. Der Wirt führt seine Gäste in sein Besitztum, im Winter ins Haus, im Sommer in den Garten.

4. Sobald das Wasser wie der Wind in den Föhren zischt, kommen die Gäste auf ein Zeichen der großen Glocke aus dem Garten herbei.

5. Es ist von altersher untersagt, weder im Garten noch im Haus über irgend etwas Weltliches zu sprechen, besonders Politik zu betreiben.

6. Weder Gäste noch Wirt dürfen bei einer solchen Versammlung in Wort und Tat schmeicheln.

Im Zusammenhang mit der Verbreitung des Teegenusses soll im Jahre 1597 durch einen Koreaner das von den Chinesen ängstlich behütete Geheimnis der Porzellanherstellung nach Japan gebracht worden sein. Nach anderer Auslegung soll Scho-mi nach 1500 die Herstellung des Porzellans und der blauen Unterglasurmalerei in China erlernt haben, während ein Koreaner in Japan die Porzellanerde selbst auffand. Wie dem auch sei, in A-ri-ta, Provinz Hi-zen, wurden um 1600 Porzellanöfen erbaut, und ihren Erzeugnissen gab um die Mitte des 17. Jahrhunderts Sa-ka-i-da Ka-ki-e-mon durch anmutigen Schmuck ein eigentümliches Gepräge. Das Porzellan breitete sich dann weiter aus, gewann aber in bezug auf den Tee in Japan niemals so großen Einfluß wie das Steingut, für dessen Arten die Teemeister maßgebend waren. Schon 1233 soll To-schi-ro in China diese Art der Töpferei, kennengelernt und nach seinem Heimatland gebracht haben, wo er in Se-to, Provinz O-wa-ri, die ersten Öfen erbaute. Es gab im Laufe der Zeiten Töpfergeschlechter, die in ganz Japan berühmt geworden sind, so die Familie Ra-ku.

So schwer auch Japan in der Zeit von 1598 bis 1637 durch die Kämpfe des Schogunats der To-ku-ga-wa (1603 bis 1867) litt, die die einzelnen Stände voneinander absonderten, der Teeraum berühmter Männer bot immer die einzige Möglichkeit für den freien Verkehr künstlerisch angehauchter Geister untereinander, hier und nur hier konnte der Unterschied zwischen Daimyo, Samurai und gewöhnlichem Mann überbrückt werden, die sonst voneinander scharf getrennt waren.

Der große Kult des Tees war in Japan immer mit dem Buddhismus verbunden, deswegen trat auch ein arger Rückschlag im Jahre 1573 ein, als von No-bu-na-ga der Glaube an Buddha verfolgt wurde. Seit seiner Wiederherstellung durch Hi-te-ta-da 1616 blühte der Teeismus in Japan wieder voll auf und beeindruckte Kunst und Kultur in starkem Maße. Erst ab 1868 kam die Teezeremonie etwas in Verfall und verschwand in manchen Teilen des Landes, so in den den Fremden geöffneten Küstengebieten. Seit der nationalen Erstarkung im Jahre 1905 ist die alte Kultur des Teetrinkens wieder erwacht. Die Methoden des Japaners, den Tee zu bereiten und zu genießen, sind erneut, aber auf alter Grundlage, sorgfältig ausgebildet und geübt, besonders wenn es im Freundeskreise gilt, den altertümlichen Pulvertee zu trinken, was auch heute noch in Räumen geschieht, die die I-ke-ba-na, das ist die Kunst der Blumenanordnung, vorher freundlich ausgeschmückt hat.

Etwa um 1670 muß die Kunde vom Blättertee nach Japan gelangt sein, der in den in China gebräuchlichen Formen übernommen wurde, ohne daß er aber den Pulvertee, der durch die dogmatische Zeremonie hier einen besonderen Rückhalt fand, hätte ganz verdrängen können. Im täglichen Gebrauch hat er ihn bei der ärmeren Bevölkerung sowie in den europäisierten und amerikanisierten Hafenstädten wohl ersetzt, aber Kenner schätzen jene alte Form nach wie vor hoch und halten sie in Ehren, ist doch eine Teezeremonie ohne Pulvertee überhaupt nicht denkbar. Über eine solche berichtet ein späterer Absatz.

Durch eine kaiserliche Verordnung vom Jahre 1887 wurde eine japanische Teehändlergilde errichtet, die auch die Besitzer von Pflanzungen umfaßt. Der Hauptzweck war, die dem Teehandel in Japan manchmal abgehende Ehrlichkeit zu verbessern und eine einwandfreie Arbeit zu gewährleisten. Es ist klar, daß das überraschend schnelle Emporblühen Japans und seine ebenso schnelle Anteilnahme am Welthandel eine Menge unzuverlässiger Kräfte auftauchen ließ, die sowohl beim Anbau wie im Handel des Tees sich recht unliebsam bemerkbar machten. Da der Tee ein wesentlicher Faktor des japanischen Außenhandels ist, wurde diesem üblen Treiben ein Riegel vorgeschoben.

Heute ist Japan, ebenso wie China, ohne Tee überhaupt nicht mehr zu denken, er beeinflußt heute wie vor 500 Jahren die Kultur des Landes in starker Weise.

Indien und Pakistan

Die Teekultur Indiens begann erst mit der Herrschaft der Europäer über dieses Land. Zu Ende des 18. Jahrhunderts, etwa um 1780, kultivierte der Englische Oberst Kyd in Kalkutta einige Teesträucher, die er sich aus China, und zwar aus Kanton, hatte bringen lassen. Ihr gutes Gedeihen veranlaßte Sir Joseph Banks (1743 bis 1820), einen Begleiter von James Cook auf seiner ersten Weltumsegelung, die Direktoren der Ostindischen Kompanie aufzufordern, den Teeanbau in Indien zu betreiben. Als ausgezeichneter Kenner des Landes bezeichnete er die besten Anbaugebiete und beschrieb die geeignetste Kulturmethode, aber seine auffordernde Stimme verscholl ungehört, da die Kompanie fürchtete, das gute Teegeschäft, das sie mit China führte, durch den Eigenbau von Tee zu verlieren. In den Jahren 1815 bis 1818 hatten dann verschiedene Engländer in Oberburma und Nepal bereits vorhandene, anscheinend von den Eingeborenen bewirtschaftete Kulturen aufgefunden — es handelte sich wohl um das Ausnützen wildvorkommender Pflanzen — und auf dem Markte zu Rangpur in Nordbengalen Tee von solchen angetroffen. Endlich fand der Engländer Bruce im Jahre 1823 an den Abhängen des Gebirges von Manipur den wildwachsenden Tee.

Die kriegerischen Verhältnisse in Europa um das Jahr 1800 verhinderten aber eine Weiterentwicklung. Erst 1834 fanden auf Veranlassung von Lord William Cavendish-Bentinck an den Abhängen des Himalaya neue Versuche in der Teekultur statt, und man bemühte sich, aus China Pflanzen und Sachverständige zu erhalten. Noch ehe dieser Plan ausgeführt wurde, fand Capt. Charlton in Oberassam die Teepflanze wiederum wild vor, ebenso wie die Botaniker Mc.Clelland und William Griffith (1810 bis 1845) bei Sadiya in Lakhimpur (Oberassam). Fälschlicherweise sah man die gefundene Pflanze als eine entartete Thea sinensis an und empfahl demnach den Samen der „echten“ Teepflanze unmittelbar aus China einzuführen. Dies geschah, und die in Kalkutta gezogenen 42 000 Pflänzchen wurden nach Madras, den nordwestlichen Provinzen Indiens und vor allem nach Assam ausgegeben.

1839 wurde in London die Assam Tea Company mit einem Kapital von 1 000 000,— Pfund Sterling gegründet, die die Kultur des Assam-Tees betreiben sollte. Bedauerlicherweise ließen Mangel an Sachkenntnis und verschwenderische Wirtschaft das große Unternehmen bald scheitern, nachdem den aus China eingeführten Teesträuchern der Erfolg wohl wegen des verschiedenartigen Bodens versagt blieb. Erneut wurde 1848 nach China gesandt; es war Sir Robert Fortune (1813 bis 1880), der als anerkannter Sachverständiger neue Pflanzen oder Samen holen sollte. Er kehrte 1851 nach Indien zurück und besuchte die dort noch vorhandenen, unsachgemäß angelegten Pflanzungen. Sein Bericht darüber fiel so ungünstig aus, daß es nur den energischen Bemühungen von Dr. Jamson, Direktor des

Botanischen Gartens in Saharanpur, nördlich von Delhi, zu danken war, daß man die Teekultur nicht wieder vollkommen einschlafen ließ. Fortune ging zum zweiten Male nach China, und mit seinen, im Laufe der Zeiten gesammelten reichen Erfahrungen, die durch die Botaniker Gordon und Gutzlaff erweitert wurden, war es doch möglich, die Kultur am Südhange des Himalaya erneut zu entwickeln. Die genannten beiden Botaniker studierten in China die Kultur und Bereitung des Tees, sammelten erneut in den Amoy-Distrikten guten Teesamen, der dann in den botanischen Gärten von Kalkutta zum Keimen gebracht wurde. Die gewonnenen Pflanzen wurden an verschiedene Plätze, darunter Darjeeling im Himalaya-Gebirge, ausgeliefert, wohin auch Tausende von Pflanzen, die Hugh Falconer (1808 bis 1865) später aus China mitbrachte, kamen. Der Anbau wurde bisher von der Regierung in eigener Regie geführt, nachdem aber die Kultur so in die Wege geleitet schien, wurde diese Regelung aufgegeben. Die Regierung erließ aber 1854 ein Gesetz für die der Teekultur günstigen Gebiete, nachdem jede Besitzergreifung unbebauten Landes zur Anlage von Teepflanzungen innerhalb einer bestimmten Zeit verpflichtete. Das Gesetz trug den Titel Waste-Land Rules of 1854. Daraufhin steigerte sich der Ertrag der Kultur, die anfänglich mit starken Schwierigkeiten zu kämpfen hatte, wozu besonders der Mangel an geübten Arbeitern einschneidend beitrug. Die Zahl der Gärten nahm zu, es wurde aber in ihrer Anlage und Bearbeitung so ungesund hastig vorgegangen, daß ein Mißerfolg nicht ausbleiben konnte. Die Teegärten waren oft nichts anderes als ein Gegenstand von Spekulationen, manchmal sogar recht trügerischer Art. Ihre Erträgnisse wurden stark übertrieben, noch bevor die Behandlungsweise der Teeblätter zum fertigen Tee irgendwie sichergestellt war. Besonders in London huldigte man damals dem Grundsatz: „That Gardens are made to sell, not to pay." Flüchtig und sorglos angelegte oder nur auf dem Papier stehende Teegärten wurden Gegenstand reiner Kauf- und Verkaufsgeschäfte, wurden die Grundlagen neugegründeter Aktiengesellschaften in Kalkutta oder London. So war es unausbleiblich, daß die Teekultur Indiens in den Jahren 1865 bis 1867 noch einmal eine schwere Krisis überwinden mußte, aus der nur wenige gesunde Unternehmungen unberührt hervorgingen. Das Umschlagen in der Bewertung des Teebaus — „Das Teebauen in Assam heißt das Geld in den Brahmaputra werfen" — schädigte natürlich auch gute Unternehmungen, und es dauerte bis 1870, die Verhältnisse vollkommen gesunden zu lassen. Seither ist die Produktion lohnend geblieben. Die Verzinsung des angelegten Kapitals war mehr als ausreichend, nicht zuletzt unterstützt durch so manche schriftstellerische Verleumdung des China-Tees.

Hatte Assam schon 1904 etwa 700 Teegärten, so hat es sich heute, die anliegenden Distrikte im Flachland mit eingeschlossen, zum größten und wichtigsten Erzeugungsgebiet von Tee entwickelt, soweit dieser für den Welthandel in Betracht kommt. Die Teekultur wurde somit die größte

Plantagenkultur Indiens. (Die Menge des in China zum Eigenbedarf der chinesischen Bevölkerung erzeugten Tees ist unbekannt und aus diesem Grunde nicht erfaßbar.)

Die Kulturversuche in Nordost-Indien hatten früher als die von Assam Erfolg, 1856 in Kaschar, 1857 in Sylhet, erreichten aber, was die Menge des erzeugten Tees anbetrifft, nie deren Höhe. Man hielt das an den Abhängen des Himalaya vorherrschende Bergklima anfangs geeigneter für die chinesische Pflanze und weniger geeignet für Thea assamica, besonders aus dem Grunde, weil man einzelne Pflanzen, und zwar solche aus sumpfigen Niederungen Assams, dort unter Mißerfolg eingeführt hatte. Erst später, als man Teesträucher aus gebirgigen Gegenden Chinas mit Pflanzen aus dem Hochlande Assams kreuzte und dadurch brauchbare Hybride fand, blühte auch hier die Teekultur erneut und in großem Umfange auf, wobei man oft einen, infolge der Höhenlage erheblichen, kaum mehr zu übertreffenden Gütegrad erreichte, wovon besonders die Tees von Darjeeling Zeugnis ablegen. Die erste Anpflanzung in Darjeeling wurde 1856 vorgenommen.

Durch den zweiten Weltkrieg und seine Folgen wurde der Anbau in Indien und Pakistan nur durch die Selbständigkeitserklärung des letzteren Landes betroffen, einen mindernden Einfluß auf die Ziffern des gewonnenen Tees hat sie aber nicht gehabt, schon deswegen nicht, weil außer Ceylon in den Jahren 1943 bis 1946 kein wesentlicher Konkurrent auf dem Weltmarkt vorhanden war und besonders die Ausfuhr nach den USA erheblich zugenommen hatte.

Ceylon

Auf Ceylon wurde die Teekultur erst spät begonnen, etwa zu der Zeit, als die Teeindustrie Indiens bereits in vollem Aufblühen begriffen war. 1850 gab es einen einzigen Teegarten. Wenn man allerdings einer Mitteilung des Sir James Emmerson-Tennent in seinem bekannten Buche über Ceylon Glauben schenken darf, so müßte schon zu der Zeit, als diese Insel noch den Holländern gehörte, also schon vor dem Jahre 1802, das Anpflanzen des Teestrauches versucht worden sein. Die Versuche haben aber sicherlich zu keinem greifbaren Erfolg geführt, da man in späteren Jahren von einer weiteren Verfolgung derselben nichts mehr hörte. Endlich wurden im Jahre 1841 ein paar Teepflanzen aus China eingeführt und im botanischen Garten von Paradeniya eingesetzt. Die europäischen Pflanzer hatten ihr Augenmerk vornehmlich auf den Anbau von Kaffee gerichtet, der reiche und hochwertige Erträge lieferte, daneben ergaben Kakao und Chinarinde bemerkenswerte Umsätze. Angeregt durch die guten Erfolge in Indien, wurde ab 1865 der Teeanbau von einer Gesellschaft, die mit Assampflanzern in Verbindung stand, in größerem Umfange wieder aufgenommen. Eine Musteranpflanzung von 100 Morgen erzielte mit Assamstecklingen ein Erzeugnis, das auf dem Londoner Markt sehr günstig beurteilt wurde. Man hatte aber trotzdem immer noch wenig Interesse für den Tee, und vielleicht wäre von weiteren Versuchen, Tee auf Ceylon anzubauen, überhaupt keine Rede mehr gewesen, wenn nicht die Kaffeekultur einen vollkommenen Zusammenbruch erlitten hätte. Die Kaffeestauden wurden von einer allmählich überhandnehmenden Blattkrankheit befallen, dem Kaffeerostpilz hemileia vastatrix. Diese Gefahr wurde erst beachtet, als es bereits zu spät war, ihr zu begegnen. Die Anbaufläche des Kaffees schrumpfte auf einen winzigen Bruchteil zusammen, und die Pflanzer wurden gezwungen, sich um andere Pflanzungen umzusehen. Durch die Erfolge in Indien wurden sie auf die Teekultur aufmerksam gemacht, und vom Jahre 1868 an wurden viele ehemalige Kaffeeplantagen in Teegärten umgewandelt, so daß 1869 etwa 260 davon vorhanden waren. Die Neigung der Pflanzer, es mit dem Tee zu versuchen, wurde auch durch den Umstand begünstigt, daß der Teesamen aus dem britisch-indischen Anbaugebiet jetzt viel leichter und billiger zu erlangen war als in früheren Jahrzehnten aus China. Die in Indien gemachten schlechten Erfahrungen schreckten zwar anfangs die Pflanzer auf Ceylon etwas ab, aber dann wurde der Teeanbau in zäher Energie vorgenommen, und gerade ehemalige Kaffeeplantagen wurden vorzügliche Teegärten.

In Indien und Ceylon hat man vielfach Kreuzungen zwischen Thea sinensis und assamica gezüchtet, sogenannte Hybriden, um die guten Eigenschaften beider in einem Strauche zu vereinigen. Die Kultur unter verschiedenen klimatischen Bedingungen und Bodenverhältnissen hat im Laufe der Jahre eine große Anzahl von Abarten hervorgebracht. Diese werden von den Pflanzern nach den Gärten bezeichnet, die sich mit der Aufzucht von Saatmaterial befassen. Da sich diese Gärten in verschiedenen Höhenlagen befinden, konnte man bald für jede Höhenlage passende Abarten erhalten.

Da sich der Teestrauch auch in höher über dem Meere gelegenen Gegenden anpflanzen ließ als der Kaffee, wurde eine immer weiter sich ausdehnende Kultur möglich. Die Urwälder auf den Bergen Ceylons fielen der Rodung anheim und boten einer gesteigerten Teekultur neuen Raum, die ideale Anbauflächen von hervorragender Bodengüte vorfand. Endlich bot die Insel auch in den kurzen Entfernungen vom Landesinnern zu ihren Ausfuhrhäfen und in der günstigen Anlage des Eisenbahnnetzes besonders wohlfeile Erzeugerbedingungen. Wie in allen jüngeren Kulturgebieten wurden hier Fehler leichter und schneller überwunden, hatte man doch aus dem indischen Beispiel gelernt. So gewann die Tee-Erzeugung auf Ceylon in wenigen Jahrzehnten eine führende Stellung in der Welt. Es brachte mehr und besseren Tee auf den Weltmarkt als das doppelt so große Java, nicht zuletzt unterstützt durch eine großzügige und vorbildliche, dabei zielbewußte und keine Ausgaben scheuende Propaganda der englischen Pflanzervereinigung. Eine Einbuße erlitten die Pflanzer Ceylons vom

Jahre 1910 an, und dann besonders während des ersten Weltkrieges, als sie ihre Gärten, vor allem die im Flachlande, mit Gummibäumen durchsetzten, wodurch der Tee meistens erstickt wurde.

Auch die Tatsache war wesentlich, daß die Arbeiterfrage auf Ceylon immer größere Schwierigkeiten bereitete, bedarf doch gerade der Teestrauch mit seiner umfangreichen Pflückarbeit eines erheblichen Arbeiterbestandes. Selbst die mehr oder weniger zwangsweise Einwanderung billiger Arbeitskräfte aus dem volkreichen Südindien (Tamils) konnte dieses Übel nicht vollkommen bannen. Heute hat Ceylon die Erzeugung Indiens zur Hälfte erreicht, versucht sie noch zu steigern, auch durch Einführung modernster Maschinen, darunter auch Pflückmaschinen.

Erwähnt sei hier das International Tea Agreement, durch dessen Satzungen die Tee-Erzeuger Ceylons, Indiens und Indonesiens im Februar 1933 den Weltmarkt, der damals 82% der Welterzeugung aufnahm, unter sich aufteilten.

Indonesien

Seit der Einführung der ersten Teesaat aus Japan und dem ersten Anbauversuch durch den deutschen Naturforscher und Arzt Andreas Cleyer im Jahre 1684 sind an die 200 Jahre vergangen, bis im Jahre 1878 die Teekultur, zunächst zwar auch noch langsam, ihren Siegeszug über die Insel Java anzutreten begann.

Hier wurde der Tee im Jahre 1826 zum ersten Male erfolgreich ausgesät. In diesem Jahre und dem darauf folgenden schickte der bekannte Naturforscher Dr. Franz von Siebold auf Veranlassung der Kommission für den Landbau in Batavia Teesamen und etwa 500 Teepflanzen von Japan nach Java, wo sie der Pflege des botanischen Gartens in Buitenzorg anvertraut wurden. Das freie Land wurde hiervon versorgt, der Tee würde jedoch nicht so schnell Fuß gefaßt haben, wenn nicht durch die Ankunft eines Rotterdamer Teehändlers ein starker Antrieb hinzugekommen wäre. Es war dies der Teesachverständige Jakobsen, der als erprobter Teekenner von der niederländischen Handelsgesellschaft Ende 1827 nach Java geschickt wurde. Er hatte für diese Gesellschaft zu festgesetzten Terminen die chinesische Stadt Kanton aufzusuchen, um dort die Teesorten zu prüfen, die für den holländischen Markt bestimmt waren. Um einen Auftrag des niederländischen Generalkommissars in China, Berichte über die Kultur und Anbaumethoden des Tees einzuziehen, zu erfüllen, besuchte Jakobsen sechs Jahre hintereinander China während der Haupterntezeit des Tees, wobei er sich von den eingeborenen Teehändlern möglichst genaue Anweisung und Erklärung über die Pflanze geben ließ. Er wurde in vielen Teepflanzungen der Provinz Hunan eingeführt, wo er vor allen Dingen die Aufbereitung des Tees in marktfähige Ware kennenlernte. Die gemachten Erfahrungen trachtete er auf Java in die Praxis umzusetzen, wo ihm die früher erwähnten 500 Teepflanzen Gelegenheit gaben, an verschiedenen Orten der Preanger Regentschaften Anbauversuche vorzunehmen. Schon im Jahre 1829 konnte Jakobsen der Regierung von Niederländisch-Indien Proben von grünem und schwarzem Tee liefern, womit die Einführung der Teekultur auf Java als geglückt betrachtet werden dürfte.

Im Februar 1829 brachte Jakobsen einige echte Teesträucher aus der Provinz Fukien nach Java, sie wurden in Tschiserupan angepflanzt. Sie waren die Pflanzen, durch deren Samen Millionen von javanischen Teesträuchern ihren Ursprung nahmen. Waren doch schon 1833 in der Provinz Krawang etwa eine halbe Million davon angebaut. Der javanische Tee der damaligen Zeit ist also größenteils auf der chinesischen Teepflanze aufgebaut und hat nur noch japanische Veredelungen erhalten. China war das Vorbild, chinesischer Samen, chinesische Arbeiter und Lehrer bildeten den Grundstock der neuen Kultur.

Bis zum Jahre 1860 blieb die Teekultur auf Java auf Grund der seit 1830 von der Niederländisch-Indischen Regierung betriebenen Agrarpolitik in Händen der Regierung. Allein die Besonderheiten der Teekultur, für deren Aufzucht Fachkenntnisse unerläßlich sind, brachte dieses System bald ins Schwanken. Da kein finanzieller Vorteil erzielt werden konnte, beschloß endlich der Staat, seine Bemühungen, den Teeanbau in eigener Hand zu behalten, aufzugeben und die Kulturen freien Unternehmen zu überlassen. Nach Aufgabe und Verkauf verschiedener staatlicher Gärten und Fabriken mußte schließlich im Jahre 1860 ein Verlust von 6 Millionen Gulden verbucht werden. Die Teegärten der neuen Unternehmen liegen vorwiegend in Westjava, vor allem in den erwähnten Preanger Regentschaften. Im Jahre 1870 wurde der Tee allerdings nur auf etwa 15 Plantagen angebaut.

Durch den Erlaß eines neuen Agrargesetzes erfuhr die Kultur vom Jahre 1870 an einen gewissen Aufschwung. Aber auch damals noch nahm man das chinesische Muster zum Vorbilde, das mit eingewanderten Chinesen die Teebearbeitung noch auf der bäuerlichen Basis durchführte. Gewinnbringend wurde der Teeanbau aber erst dann, als ab 1878 die maschinelle Bearbeitung des Teeblattes nach anglo-indischer Art Verbreitung fand. Richtigen Auftrieb, was Güte des Blattes und Menge der Ernte anbelangte, brachte aber gleichfalls erst das Jahr 1878, in dem die alten chinesisch-japanischen Pflanzen durch John Peet durch Assam-Hybriden ersetzt wurden. Auf jeden Fall kann die niederländische Regierung den Erfolg für sich beanspruchen, dem ehemaligen Monopol der gelben Rasse in der Teekultur als erste zielbewußt ein Ende bereitet zu haben. 1926 waren bereits an 30 Millionen hfl im Teeanbau Javas angelegt.

Der Aufschwung der javanischen Teeindustrie wurde auch auf Sumatra ausgedehnt, dessen Anbau der einzige größeren Stils im 20. Jahrhundert war. Sumatra liefert mit Java zusammen heute hervorragende Tees in großer Menge, besonders seit der Zeit, als wieder Kreuzungen zwischen den älteren Javakulturen und solchen aus Hochindien und Ceylon sehr gute Erfolge zeitigten. Die Entwicklung begann im Jahre 1909 mit der Anlage einer Versuchspflanzung. Sie wurde unterstützt, besonders an Sumatras Ostküste, durch billigste Landpreise und ist heute ein großangelegter, auf das rationellste eingerichteter Großbetrieb. Das Teegebiet der Insel liegt hauptsächlich in der Gegend von Simelungen, der Hauptmarkt ist Siantar.

Auf Java und Sumatra ist die Erzeugung mit dem zweiten Weltkriege und infolge der Wirren, die er im Gefolge hatte — das selbständige Indonesien schaltete die holländische Verwaltung aus —, stark zurückgegangen. Schon die Japaner trafen während der Besetzung den Teeanbau in Java auf vernichtende Weise, indem sie die Aufbereitungsanlagen demontierten. Später verwilderten durch den Ausfall des europäischen Personals, das entweder entlassen oder gefangen genommen wurde, die Teegärten vollends, die Bäume schossen bis zu einer Höhe von 30 Meter an, so daß ganze Gärten gerodet und neu angepflanzt werden mußten. Die Ausfuhr kann erst dann wieder den alten Stand erreichen, wenn eine vollständige Befriedung des Landes eintritt und die heute noch fehlenden Aufbereitungsanlagen neu erstellt sind. Vielfach arbeiten in ihnen chinesische Kulis. Um Mißverständnissen vorzubeugen sei erwähnt, daß die Tatsache der Anwerbung chinesischer Arbeiter nichts mit der Teekultur als solcher zu tun hat. Die Chinesen werden nur deswegen verwendet, weil sie mit den niedrigen Löhnen zufrieden sind. Während anfangs der Java- und Sumatratee, vielleicht aus Konkurrenzgründen so bekanntgegeben, mit dem Makel zweiter Güte behaftet war, findet heute der Teefachmann unter den dortigen Erzeugnissen ganz hervorragende Sorten, die den Sorten der Pflanzungen auf Ceylon oder Indien nichts nachgeben. 1932 gab es auf Sumatra rund 40 Teegärten, die wohl zu den größten Faktoreien und Teegärten der ganzen Welt zählen.

Auf Java war auch noch in der 1902 gegründeten biologischen Station des botanischen Gartens von Buitenzorg das einzige Institut für Teekultur, das sich wissenschaftlich mit allen einschlägigen Fragen des Teeanbaus befaßte.

Transkaukasien

Nachdem Versuche des Fürsten Woronzow im Jahre 1833, 1847 und erneute in den 70er Jahren mißglückt waren, leitete die Pionierarbeit im Teeanbau in Transkaukasien A. Solovtzoff. Er bepflanzte an den Südwest-Abhängen des Kaukasus im Jahre 1884 die erste kleine Fläche mit aus China eingeführtem Saatgut, da sich die kaiserlich-russische Regierung viel vom Anbau des Tees versprach. Aufschwung erlebte die Kultur jedoch erst, als der bekannte Teehändler C. S. Popoff im Jahre 1893 einen größeren Landstrich mit Teestauden bepflanzte, die teils aus eigenen Saatbeeten, teils aus China stammten. Ihm folgte die Krongutsverwaltung in Tschakwa in der Nähe von Batum. Fabriken zur Aufbereitung der Ernte wurden

1896 errichtet und die notwendigen Maschinen eingeführt. Im Jahre 1900 schuf das Landwirtschaftsministerium eine amtliche Versuchsstelle in Tschakwa, von der aus später den Pflanzern unentgeltlich das Saatgut geliefert wurde. Die bepflanzte Fläche griff bald vom Gouvernement Baku auf das Gouvernement Kutais über, wo im Jahre 1905 insgesamt 40 Teegärten unter Kultur standen.

Der 1. Weltkrieg verwandelte die Transkaukasischen Teeanbauflächen zum Teil in Schlachtfelder und brachte dem jungen Teeanbau einen schweren Rückschlag. Seine Anbaufläche sank unter der Regierung der Menschewiki in den Jahren 1917 bis 1921 auf einen Bruchteil herab.

Erst als im Jahre 1923 Georgien ein Teil der russischen Sowjetunion wurde, erlebte der Teeanbau einen neuen Aufschwung. Wenn auch die großen Planungen, deren erste im Jahre 1924 vorgenommen wurde, sich nicht erfüllten und immer wieder durch neue ersetzt werden mußten, so wurde doch schon 1924 die Tschai-Grusija, d. h. die Grusische Teeaktiengesellschaft, gegründet, der von nun an sämtliche Pflanzungen unterstellt waren. Angebaut wurden chinesische Sorten. Besonders der russisch-chinesische Streit im Jahre 1929 und die dadurch bedingte Verminderung der Tee-Einfuhr aus China zwang die Regierung, mit fieberhafter Eile an die Entwicklung neuer Kulturen zu gehen. So sollte auch die Anzahl der Teefabriken von 6 auf 48 erhöht werden. Es stellte sich aber eine Hauptschwierigkeit in der mangelhaften Organisation der Arbeiterbeschaffung dieser gewünschten Entwicklung entgegen. Auch die im russischen Teeanbau erzielten Durchschnittserträge je Flächeneinheit liegen weit unter denen anderer Anbaugebiete. Wie sich die Verhältnisse seit 1945 gewandelt haben, ist nicht ersichtlich, mitunter gemachte Zahlenangaben erregen Zweifel.

Die Güte des kaukasischen Tees wurde schon immer als minderwertig beurteilt, ein Mangel, den man früher der ungenügenden Erfahrung im Anbau und der Aufbereitung zuschrieb. Man ist jedoch im Laufe der Entwicklung der Kulturen zu der Erkenntnis gelangt, daß er mehr auf die Besonderheiten der Klima- und Bodenverhältnisse im georgischen Anbaugebiet zurückzuführen ist.

Afrika

Auch in Afrika hat man die Teekultur versucht. In Südafrika befinden sich Teekulturen nur in Natal, wo die Teepflanze erstmals 1850 eingeführt und im botanischen Garten zu Durban eingesetzt wurde, erst 1877 begann der eigentliche Anbau, sowie in der Umgebung von Stanger (Umwoti-Distrikt), sie sind die ältesten auf afrikanischem Boden und erreichten bereits im Jahre 1913 mittleren Umfang. Seit dem Jahre 1911, in dem die indische Regierung der Kuli-Einwanderung nach Natal Einschränkungen auferlegte, hat mit dem dadurch bedingten Steigen der Arbeitskosten die

Fortentwicklung der Kulturen aufgehört und ein Rückgang der Anbaufläche eingesetzt.

In Ostafrika wird der Tee in den britischen Besitzungen Njassaland, Tanganjika, Kenya und Uganda erzeugt. In Njassaland erfolgte der erste Anbau im Jahre 1890, nach einem wenig geglückten Versuch im Jahre 1878, im Mlanjedistrikt, wo die Pflanzungen durchschnittlich in Höhen von etwa 700 Meter liegen. In Tanganjika wurden bereits vor dem ersten Weltkriege Anbauversuche von deutschen Pflanzern unternommen, doch steht die Kultur hier auch heute noch im Anfang ihrer Entwicklung. In den beiden übrigen britischen Kolonien, Uganda und Kenya, hat nach dem ersten Weltkriege die Entwicklung der Teekultur in größerem Umfange eingesetzt. Der gewonnene Tee erzielte gute Preise, er kann seine Abstammung von indischen Pflanzen nicht verleugnen, die Gütegrade sind mittel bis gut. Auch in Rhodesien und Portugiesisch-Afrika gibt es kleine Pflanzungen, die Versuche sind auch hier vielversprechend. Ein ernstes Hindernis für die weitere Entwicklung der afrikanischen Kultur bildet in Afrika das Problem der Arbeiterbeschaffung. Die in ihrem Aroma stark empfindlichen Blätter des Teestrauchs würden durch den dem Neger anhaftenden, jedem Europäer widerstrebenden Geruch stark beeinträchtigt und damit in ihrem Werte erheblich herabgesetzt werden. Nur die Anwerbung chinesischer und malaiischer Arbeiter konnte die heute erzeugte Güte des Tees ermöglichen. Die vor dem zweiten Weltkriege nur unbedeutenden Erzeugungszahlen sind durch das Unberührtbleiben seitens der Kriegsereignisse im Wachsen.

Verschiedene Kulturen

Außer in den vorerwähnten Ländern haben die Europäer, vor allem die Engländer, versucht, die Kultur der Teepflanze in den verschiedenen ihrem Einflusse unterliegenden Gegenden des Erdballs zu verbreiten. An sich gedeiht der Teestrauch infolge seiner geringen Ansprüche in allen subtropischen Gegenden gut, aber seine Blätter sind in ihrem Aroma gegen die Verhältnisse des Bodens äußerst empfindlich. Außerdem ist die Teekultur immer noch an das Vorhandensein zahlreicher und dabei billiger Arbeitskräfte geknüpft. Daher könnte China zum Beispiel auch heute wieder mit seiner anspruchslosen Riesenbevölkerung Tee für den Export erzeugen. Auch Vorderindien, Ceylon und Java haben die dichte Bevölkerung, die eine Kultur ermöglichen, während rundum in den weniger dicht bevölkerten, klimatisch zwar ebenso begünstigten Gebieten nicht die Rede davon sein kann.

Schon 1810 wurden in den brasianischen Provinzen Rio de Janeiro und Sao Paolo Versuche mit der Teekultur angestellt, denen jedoch keine große Zukunft beschieden war. Nicht nur die Güte des Erzeugnisses enttäuschte stark, sondern die Bevölkerung blieb auch ihrem einheimischen Yerba oder

Maté, dem sogenannten Paraguay-Tee, treu, der als Blatt einer einheimischen Stechpalmenart Coffeïn enthält. Der Hauptgrund aber lag darin, daß die Bewohner dieser Provinzen den für sie schwierigen Teeanbau zugunsten des einträglicheren und bereits eingeführten Kaffee-Anbaus wieder aufgaben.

Ohne Erfolg blieben auch die Versuche in den Vereinigten Staaten von Nordamerika, wo im Jahre 1828 mit Teeanbau begonnen wurde. Erneuert wurden die Versuche besonders während des Bürgerkrieges 1861 bis 1865 seitens der Regierungen, sowohl der Nord- wie auch der Südstaaten, die stark dazu ermutigten. Man glaubte schon in Kalifornien, wie auch in Südkarolina und Texas Erfolg zu haben, als sich herausstellte, daß infolge des Klimas und der Bodenverhältnisse die Güte des Tees sehr zu wünschen übrig ließ. Die Blätter ergaben ein so herbes und aromaschwaches Getränk, daß alle Versuche wieder eingestellt wurden.

Von Versuchspflanzungen in Guatemala zeigten dagegen Muster aus neuerer Zeit Gütegrade, die einem guten indischen Tee entsprechen würden. Es scheint also hier die Möglichkeit des Anbaus gegeben zu sein, falls nicht das eingangs erwähnte Fehl von billigen Arbeitskräften auch diese Versuche wegen mangelnder Rentabilität wieder unterbindet.

In Australien machte man im Jahre 1859 einen Versuch, der aber wegen der dort herrschenden ziemlich kurzen Regenzeit und der damit verbundenen lang andauernden und starken Trockenheit wieder eingestellt wurde. Auch hier war neben den heftigen australischen Stürmen, die die Sträucher versandeten, die Arbeiterfrage ausschlaggebend.

Weitere Versuche ohne nennenswerte Erfolge wurden vor dem ersten Weltkriege in Persien, auf Mauritius, Jamaika, den Azoren, auf den Fidschi-Inseln, den Philippinen und auf Borneo gemacht. Die Versuche in Ton-kin (französisch Indochina) zeitigten trotz erheblicher Steuererleichterung der französischen Regierung bei der Einfuhr nach Frankreich bzw. in die französischen Kolonien, nur mäßige Erfolge. Die angebauten Sorten erreichen bei zu hohen Preisen nur einen mittelmäßigen Gütegrad. Auch in der ehemaligen deutschen Kolonie Kamerun sind Anbauversuche ganz kleinen Umfanges vorgenommen worden, deren Endergebnis durch den Verlust der Kolonie nicht zutage trat.

Europa

Europa erhielt verhältnismäßig erst spät eindeutige Angaben über den Teestrauch im allgemeinen und seine Kultur im besonderen. Der Grund hierfür liegt darin, daß die Länder der ursprünglichen Teekultur, China und Japan, bis in die neueste Zeit der europäischen wissenschaftlichen Forschung streng verschlossen waren. Die Teedistrikte Chinas konnten erstmals von dem Engländer Robert Fortune besucht und wissenschaftlich bearbeitet werden, als China 1842 im Frieden von Nanking, der den ersten

Opiumkrieg beendete, die Häfen Kanton, Amoj, Schanghai und andere den Fremden öffnen mußte. Japan konnte erst dann von Fremden ungehindert betreten werden, nachdem die Amerikaner unter Admiral Perry im Jahre 1854 die Öffnung des Landes gewaltsam erzwungen hatten. Bis dahin waren alle Nachrichten über den Tee unsicher und zweifelhaft, da sie über Mittelspersonen eingeholt werden mußten.

Die erste unklare Kunde brachten bereits die Araber, die ihr abenteuerlicher Sinn und ihre kaufmännische Begabung nach Ostasien geführt hatten. Der weitgereiste Abul Hasan Masudi, gestorben 957 n. Chr., berichtete in seinem Werke Achbar al saman, hauptsächlich auf Grund der Angaben des Reisenden Ibn Wahab, über China. In diesem Werke findet sich die Nachricht, daß sich der König von China im Jahre 879 das Recht vorbehalten habe, auf das Salz und eine Pflanze namens assach oder sakh, die man in einem Aufguß von heißem Wasser trinke, eine Abgabe zu erheben. Damit war wohl der Tee gemeint, die beiden Namen mögen aus dem chinesischen tscha, das entweder nicht richtig gehört oder nachgesprochen werden konnte, entstanden sein.

Im Jahre 1285 berichtet der große venezianische Weltreisende Marco Polo von der Absetzung eines chinesischen Finanzministers wegen willkürlicher Erhöhung der Teesteuer. Er erwähnt aber sonst den Tee weder als Pflanze noch als Getränk. Dieses Stillschweigen wurde damit gedeutet, daß zu seiner Zeit der Tee eben noch nicht das Tagesgetränk der Chinesen gewesen sei. Dies steht aber im Widerspruch mit dem in den letzten Jahren übersetzten chinesischen Quellen. Man kann eher annehmen, daß die eben zur Herrschaft gelangten Mongolen, bei deren Khan Marco Polo weilte, dem Tee vielleicht noch kein Verständnis entgegen brachten und ihn noch als Getränk verschmähten. Oder es ist vielleicht auch möglich, daß der Teegenuß zu jener Zeit noch eine Art religiöser Handlung war und aus diesem Grunde dem fremden Eindringling und Barbaren weder mitgeteilt noch vorgeführt wurde. Daß der Tee mit religiösen Gebräuchen etwas zu tun hat, und dies selbst heute noch, wird durch die Gewohnheit der Dam-Mongolen im Tibet (Tsai-dan) bewiesen, die nie vergessen über die drei Steine oder Erdschollen, die das dreifüßige Gestell des Kochgeschirrs bilden, die Teerückstände als Opfer für die Ortsgeister auszuschütten.

Die früheste Nachricht in einem abendländischen Buche findet sich bei Giovanni Battista Ramusio, dem um 1550 ein arabischer Händler mit anderen Waren aus Ostasien auch „Chiai-Catai“, d. h. Cha catagai und bedeutet „Tee der Chinesen“, überbrachte. Denn bis 1515 beherrschten die Araber den Handel im Indischen Ozean. Weitere Kunde vom Tee kam durch Europäer, besonders Missionare, die China allen Gefahren zum Trotz durchwanderten und dabei den Tee, Pflanze wie Getränk, kennenlernten. Auf Grund solchen Bekanntwerdens wurde der Tee im Jahre 1588 und 1590 in den damals neu erschienenen Abhandlungen über den neuentdeckten Osten, zum Beispiel von Maffeno, erwähnt. Dies geschah immer unter ganz falschen Vorstellungen und Berichten, was bei dem oft geringen Bildungsgrad der Berichterstatter ganz erklärlich ist. Im April 1585 trafen bei dem Papste Gregor dem XIII. drei japanische Gesandte ein. Die „Avvisi di Roma“ erklärten gegenüber Gerüchten, es wären diese Gesandten nur verkleidete Jesuiten, eindeutig, es wären echte Japaner, da sie sogar „warmes Wasser“ tränken. Die Gesandten tranken eben ihren Tee auch im fremden Lande. In den folgenden Jahrzehnten berichteten über den Tee italienische und portugiesische Weltreisende, denen das Betreten chinesischen oder japanischen Bodens ausnahmsweise erlaubt worden war, wie Alvarez Semedo im Jahre 1633, der den Tee in seinem Reiseberichte wieder tscha nannte. Kam wirklich einmal durch portugiesische Seefahrer Tee in geringen Mustermengen zum Verkauf, so wurden unermeßlich hohe Preise gefordert, in einem Falle 5 bis 10 Pfund Sterling je englisches Gewichtspfund.

Es waren die Holländer, und zwar Angehörige der damals in ihrer Blüte stehenden berühmten niederländisch-ostindischen Kompanie, denen die Ehre zugesprochen werden muß, den ersten echten Tee zum Verbrauch nach Europa, und zwar nach den Niederlanden gebracht zu haben. Die ostindische Kompanie hatte damals Stützpunkte auf der Insel Formosa, von denen aus sie im regen Geschäftsverkehr mit China stand, und lernte dabei den Tee als Handelsartikel kennen. Die erste Sendung traf im Jahre 1610 ein. Der Tee fand verhältnismäßig schnell Anklang, da er, mehr als Heilmittel betrachtet, von den Ärzten gefördert wurde, nach deren Ansicht er die Lebenskraft steigern, das Gedächtnis stärken, alle seelischen Tätigkeiten erhöhen und das Blut in willkommener Weise verdünnen sollte. Es ist also mit dem Tee als Ware auch die Nachricht über seine Vorzüge nach Europa gelangt. Erwähnenswert ist die Verordnung des Tees gegen Fieber. 1654 gab der Augsburger Bürger Martini in seinem „Atlas Sinensis“ eine noch nicht ganz stimmende Beschreibung der Pflanze bekannt, 1658 wurde sie durch Piso erkennbar abgebildet. 1712 schilderte Engelbert Kämpfer aus Lemgo in Westfalen, der als Arzt der niederländisch-ostindischen Kompanie von 1690 bis 1692 in Japan war, die Pflanze sehr genau und ausführlich und fügte eine vortreffliche Abbildung bei. Auch über die Zubereitung des Getränkes machte er hinreichend genaue Angaben.

Aber all diese einzelnen Beschreibungen stammten aus verschiedenen Ländern und Gegenden und daher auch von verschiedenen Kulturformen; sie sahen recht verschieden aus und führten zu solch falschen Vorstellungen, daß sogar der große Carl von Linné (1707 bis 1778) glaubte, der grüne und der schwarze Tee stamme von zwei ganz verschiedenen Pflanzen, nämlich der schwarze von Thea bohea, der grüne von Thea viridis. 1763 brachte zwar der schwedische Schiffskapitän Gustav Eckeberg einige Teepflanzen aus China mit und übergab sie dem botanischen Garten von Uppsala, wo sie unter Linnés persönlicher Aufsicht gediehen sein sollen. Aber all diese

Irrtümer wurden erst in den Jahren nach 1850, also nach der erzwungenen Öffnung Chinas, endgültig aufgeklärt, wenn auch heute noch, wie hier eingeflochten sein mag, so mancher Forscher recht eigentümliche Anschauungen über den Tee mit nach Hause bringt.

Da im Gegensatz zu Ostasien der Tee in Europa nur mit Zucker gesüßt dem allgemeinen Geschmack entsprach, war seine Einführung abhängig von der leichten Erhältlichkeit des Zuckers. Nur mit dessen Unterstützung bürgerten sich die fremden Getränke, Kaffee und Tee, in Europa ein, natürlich zuerst wegen des hohen Einstandspreises in den ersten Kreisen des Landes, insbesondere an den fürstlichen Höfen und deren näherer Umgebung. Immer ansteigend nahm der Handel in Tee, besonders in England, bald einen recht ansehnlichen Raum ein. Anfänglich wurde er um das Jahr 1645 von Holland aus nach England eingeführt. Die erste Anzeige über Tee las man im „Mercurius politicus" im Jahre 1656, sie lautete: „Das ausgezeichnete chinesische Getränk, das von allen Ärzten anerkannt ist und das die Chinesen tscha, die anderen Nationen tay oder thé nennen. Es wird im Kaffeehaus zur Sultanin ausgeschenkt, nahe der Königlichen Börse." Im Jahre 1668 kam die erste Teeladung mit einem Gesamtgewicht von etwa 100 Pfund unmittelbar von China nach London, aber schon vorher, im Jahre 1660, war vorsorglich der Zoll auf Tee dem britischen König übertragen worden, dem 1664 die Ostindische Gesellschaft zwei englische Pfund Tee als eine große Seltenheit zum Geschenk machte. Etwas später brachte den Tee Lord Henri Bennet Earl of Arlington mit seinem Freunde Ossary nach London, die beide das Teetrinken in ihren Kreisen zur Mode machten, so daß man bald von dem neuen Getränk sprach.

Der Teehandel gewann in England große Bedeutung durch die ehrwürdige London-East-India Company. Sie wurde 1599 gegründet, als die Holländer den Preis für Pfeffer verdoppelt hatten. Ihre Schiffe führten nur bessere Gütegrade Tee, obwohl es einigen Zweifel läßt, was damals unter bester Qualität verstanden wurde, wenn man die Bedingungen liest, unter denen ihre Reisen sich vollzogen, und sie mit der Sorgfalt vergleicht, die heutzutage angewandt wird. Die Holländer und Portugiesen führten zur gleichen Zeit große Mengen billigerer bis billigster Sorten ein, und ein gutes Teil ihrer Einfuhr wurde unmittelbar nach Großbritannien eingeschmuggelt und dort zu bedeutend niedrigeren Preisen verkauft als der Tee der East-India-Company.

Zu gleicher Zeit waren die Offiziere und Mannschaften der Schiffe selbst sehr zum Schmuggel und Zollhinterziehung geneigt, so daß kurze Zeit nach 1670 ein Befehl des Einfuhramtes verfügte, daß, sobald ein East-India-man in den Dünen Anker werfe, jeder verfügbare Kutter und jedes Boot die Pflicht habe, ihn zu beobachten und seine Offiziere und Mannschaften zu verhindern, Tee an Land zu bringen, den sie auf Privatspekulation im fernen Osten gekauft hatten.

Teepflückerin in Ceylon

Teepflückerin in Indien (Assam)

Tafel 8

Moderne Tee-Erntemaschine in Georgien (UdSSR)

Mechanische Pflückung in Ceylon

Das englische Gewichtspfund Tee hatte in den Jahren um 1680 in London den ungeheueren Preis von etwa 60 Shillingen. Ein Beweis dafür, daß die holländischen Kaufleute, die damals gleichsam ein Monopol im Teehandel hatten, ganz nennenswert dabei verdient haben dürften, zahlten sie doch zur selben Zeit den Tee mit nur 4 bis 6 Shillingen. Auch in den Niederlanden kostete 1 Pfund Tee im Jahre 1666 noch rund 200 holländische Gulden. Im Jahre 1659 oder 1660 verfaßte der Händler und Kaffeehausbesitzer Thomas Garway eine Schrift, betitelt „An Exact Description of the Growth, Quality and Virtous of the Leaf Tea", in der er die mannigfaltigen Vorzüge des Tees aufzählte. 1690 betrug die Einfuhr bei einem Preise von 15 bis 50 Shilling je Pfund bereits rund 20 000 Pfund.

Man wußte aber nicht immer mit dem Tee richtig umzugehen. So erhielt im Jahre 1686 die Witwe des Herzogs von Monmouth ein Pfund Tee gesandt, damals natürlich noch ein teurer Luxusartikel. Sie machte von diesem Tee mehreren ihrer Freunde aus der Provinz ein Geschenk, unterließ es aber, Angaben über die Zubereitung zu machen. Diese Herren aus der Provinz hatten noch nie Tee erhalten und kochten daher die Blätter stundenlang, ließen alles Wasser sorgsam abfließen und brachten das Erzeugnis schließlich als Gemüse auf den Tisch. Als sie den so behandelten Tee dann kosteten, entsetzten sie sich über den schlechten Geschmack, den anscheinend ihre Freunde in der Hauptstadt hatten.

Die kurz vor Eintreffen des Tees in England errichteten Kaffeehäuser hätte man besser Teehäuser genannt, denn immer mehr bürgerte sich der Tee ein und wurde beim englischen Volke das tägliche Getränk. Um die Wende des 17. und 18. Jahrhunderts, als die Engländer mit Erfolg daran gingen, die Früchte der holländischen Kolonisation für sich einzuheimsen, bestanden in London allein nicht weniger als rund 3000 Stellen, an denen Tee ausgeschenkt wurde.

1784 wurden bereits über 4 Millionen Kilogramm nach England eingeführt; seit 1790 ist London Mittelpunkt des Tee-Welthandels. Nach dem zweiten Weltkriege bemüht es sich, seinen Vorkriegsruf und -stellung wieder zu erlangen. 1889 revolutionierte der Glasgower Teehändler Lipton den Teehandel zuerst in England, in den kommenden Jahrzehnten auf der ganzen Welt, durch Einführung des abgepackten Tees, der nunmehr Herkunft, Gütegrad und Preis auf der Packung anzeigte und den Verkauf offen aus der Kiste bald lahmlegte; schon 1890 hatte Lipton 70 Filialen in London.

1825 stiftete die Society of Art eine goldene Medaille für den besten auf englischem Grund und Boden gewachsenen Tee. Sie wurde zum ersten Male 1842 an C. A. Bruce verliehen. 1836 wurde der erste Tee aus Indien, und zwar 12 Kistchen, in London verkauft zu einem Preise von 16 bis 34 Shilling je Pfund. Bald wurde es Sitte, daß sich der englische Geschäftsmann, wenn er sich auch persönlich gar nicht mit dem Teehandel befaßte, mit seiner Geldanlage an die Teegesellschaften wandte, die teashares waren bald beliebt und gesucht und ein manchmal heftig umkämpftes Spekulationsobjekt, so besonders in den Jahren 1863 und 1866. Aber auch heute noch sind die shares mancher Gesellschaften überhaupt nicht oder nur äußerst schwer zu erhalten, da sich ihr Besitz seit Generationen vererbt. Die ausgezahlten Dividenden überstiegen in ihrer Höhe die aller anderen Anlagen, 60 bis 80 Prozent waren keine Seltenheit, zu denen dann noch Gratisaktien traten.

Welchen Wert das Wort „tea“ für den Engländer besitzt, verriet einmal während des zweiten Weltkrieges ein Minister in Churchills Kriegskabinett: „Für unsere Soldaten ist Tee wichtiger als Munition.“ Unter allen Einschränkungen, die der Krieg für England mit sich brachte, wurde die Tee-Rationierung als die drückendste empfunden. Als im Jahre 1952 das Ende dieser Zeit verkündet wurde, jubelte eine Zeitung: „Endlich — zwölf Jahre der Sklaverei sind vorüber!“

Nach zeitgenössischen Berichten kam der Tee nach Frankreich ebenfalls über die Niederlande zur gleichen Zeit wie nach Großbritannien. In der Weltstadt Paris soll er sogar schon im Jahre 1635 bekannt geworden sein. Bis in die heutige Zeit hinein konnte aber der Tee in Frankreich keinen allzugroßen Verehrerkreis gewinnen, im Gegensatz zu Kakao oder besser zur Schokolade, was man mit dem etwas unruhigen und lebhaften Charakter der Franzosen begründen könnte. Der echte Teetrinker muß eben über eine gewisse Beschaulichkeit verfügen.

Die ersten Nachrichten über den Tee in Rußland stammen aus dem Jahre 1567. Als Verbrauchsware selbst kam der Tee aber erst im Jahre 1638 ins russische Reich. Es waren 200 Pakete, die ein Mongolen-Khan vom Ubsa-nor über den Jenissei an den Zaren schickte. Vermittler war der russische Gesandte Wassili Starkow, der selbst im Zweifel war, ob er mit dem Geschenk, das er für „Gras“ hielt, nicht den Zorn des Zaren hervorrufen würde. Der Tee fand aber in Moskau sofort Anklang und hat sich gerade in Rußland in der Folgezeit besondere Verehrer geschaffen. Er war seit der zweiten Hälfte des 17. Jahrhunderts schon ziemlich allgemein verbreitet. Rußland spielte lange Zeit hindurch im Teehandel, soweit er Europa berührte, eine Hauptrolle, vor allem, nachdem es im 17. Jahrhundert allmählich Sibirien erobert hatte. Der auf dem Wege durch dieses Land nach Europa gelangende sogenannte russische oder Karawanen-Tee galt lange Zeit hindurch als besser und reiner im Geschmack als der zur See verschiffte. Dieses Vorurteil scheint nicht völlig der Begründung entbehrt zu haben: Der in seinem Aroma so empfindliche Tee mag bei dem, vor Erfindung und Einführung des Dampfschiffes, viele Monate dauernden Seetransport, den er im dumpfen Laderaum teeriger Segelschiffe überstehen mußte, stark gelitten haben. Auch über Persien, als Mittlerland zwischen Orient und Okzident, kam der Tee nach Europa. Es nimmt nicht wunder, daß er auch das Zwischengebiet sich eroberte. Schon aus dem Jahre 1637 liegen Nachrichten über dort bestehende Teeschänken vor.

Aber auch auf dem Seewege kam der Tee durch außereuropäische Hände nach Europa. Viele Jahrhunderte früher, bevor er eigentlich in Europa eingeführt wurde, war er schon Handelsgegenstand der ostasiatischen Völker. So brachte ihn der chinesische Handel bis ins 17. Jahrhundert den europäischen Schiffen bis Batavia entgegen, wo, schon 1668 nachgewiesen, größere Einfuhren zum Weiterversand eintrafen.

Zu bemerken ist, daß der in der ersten Zeit nach Europa gekommene Tee ausschließlich grüner Tee gewesen ist, der wegen seines erwähnt hohen Preises noch lange kein allgemeines Volksgetränk wurde, sondern bis in die 40er Jahre des vorigen Jahrhunderts ein Genußmittel der höheren Stände war. Erst von dieser Zeit an hat sich der Tee allgemein bei den Völkern, unter deren Einfluß die Welt liegt, verbreitet, nicht ohne einen schweren Kampf mit seinem Bruder, dem Kaffee, ausfechten zu müssen.

Auch hat er den Leuten nicht immer gleich gemundet. Abgesehen von Ärzten, die ihn wie den Kaffee anfeinden zu müssen glaubten, fiel auch von anderer Seite manches harte Urteil, das wohl auf einer unsachgemäßen Zubereitung sich gründete. So bekam er im Jahre 1670 von Anhängern des Alkohols, denen dieser besser zusagte, den wenig schönen Spottnamen „Heuwasser". Ketzer, wie Henri Saville (1678), schalten das Teetrinken einen schmutzigen Brauch. Jonas Hanway vertrat in einem Essay über den Tee 1756 die Meinung, daß durch seinen Genuß die Männer ihre gute Gestalt, die Frauen ihre Schönheit verlören. Auch die berühmte Kurfürstin Liese-lotte von der Pfalz schreibt im Dezember 1712 aus Paris, daß der Tee wie Heu und Mist schmecke.

Von der Mitte des 17. Jahrhundert an erscheint der Tee in zahlreichen botanischen Druckschriften, im Jahre 1623 als chaa der Japaner. Die Angaben sind aber immer noch reichlich unklar und mit vielen Fehlern behaftet.

Die Staatsregierungen, die von jeher bestrebt gewesen sind, die Liebhabereien des Volkes für ihre Finanzgebarung auszunützen, warfen bald ein begehrliches Auge auf das neue Lieblingsgetränk ihrer Untertanen. So wurde schon vom Jahre 1660 an, also kurz nach dem Bekanntwerden, sowohl von einzelnen niederländischen Provinzen und Städten als auch vom englischen Staate Zoll für jedes eingeführte Pfund Tee gefordert. Auch im Binnenverkehr wurde er mit allerlei staatsversorgenden Abgaben belastet, so daß sofort ein umfangreicher Schmuggel einsetzte. Der Teeschmuggel war zum Beispiel in England auch im 18. Jahrhundert noch so erheblich, daß durch Gesetz die Einfuhr aus irgendeinem anderen Staate von Europa verboten wurde. Aber bald mußten diese Einschränkungen durch Gewährung von Lizenzen durchlöchert werden, nämlich so oft als die Lieferung der East-India Company für die Nachfrage sich als zu klein herausstellte, und dies war fast ständig der Fall. Die britische Kompanie führte zwar dauernd mehr Tee aus China ein als sonst jemand, im Jahre 1766 allein 6 Millionen Pfund, während die Holländer nur 4½ Millionen Pfund brachten — die Einfuhr der übrigen Länder blieb weiter unter 3 Millionen Pfund —, aber die Nachfrage überstieg immer wieder das Angebot.

Im Jahre 1772 wurden die bisher üblichen Zölle auf Tee in England aufgehoben, und die East-India Company erhielt das Vorrecht, ihren Tee unter Zollverschluß zu stellen und nur einen bestimmten Satz auf den Verkaufspreis zu zahlen, wenn er aus den Zollverschlußlagern herausgenommen wurde. Die Folge davon war aber, daß nur für etwa ⅓ des in Großbritannien verbrauchten Tees Zoll gezahlt wurde, der ganze übrige Rest wurde geschmuggelt.

Durch die ungerechtfertigte Forderung des Zolles auf Tee bzw. der ihn belastenden Steuer, die später von ihren eigenen Urhebern wohl am meisten verflucht wurde, ist es dem Tee sogar beschieden gewesen, eine einschneidende politische Rolle in der Welt zu spielen, nämlich bei der Losreißung der nordamerikanischen Kronkolonien von ihrem Heimatstaat England. Im Jahre 1764 suchte dieser die Amerikaner durch Besteuerung des Tees (und anderer Waren) vergeblich zu einer Anerkennung des Besteuerungsrechts seitens des Mutterlandes zu zwingen. Nach langjährigen Streitigkeiten, unter denen das Geschäft, besonders das der britisch-ostindischen Kompanie, litt, machte sich die kochende amerikanische Volksseele am 28. Dezember 1773 Luft. 40 bis 50 als Indianer verkleidete amerikanische Bürger erkletterten im Hafen Boston ein englisches Teeschiff und warfen an die 350 Kisten Tee ins Meer, ein Vorgang, der etwas später in New York wiederholt wurde. England suchte Boston dafür zu bestrafen, indem es seinen Hafen schloß, die Freiheit der Stadt aufhob und zu diesem Zwecke auch Truppen dorthin sandte. Diese fanden bald bewaffneten Widerstand. Damit war das Zeichen zum Kriege gegeben, der mit der Losreißung der United States von Großbritannien auf Grund des am 3. September 1783 zu Versailles geschlossenen Friedens endete.

Deutschland

In Deutschland wurde der Tee zum ersten Male im Jahre 1650 erwähnt. Er tritt schon frühzeitig in verschiedenen Schriften auf, in denen er teils gefördert, teils bekämpft wird, wie dies eben bei jeder Neueinführung vorkommt. Er verbreitete sich nur langsam und gewann zuerst an der Wasserkante innige Freunde, während er in dem Gebiet des übrigen Reiches sich gegen den Kaffee nicht durchsetzen konnte. Man betrachtete ihn anfänglich mehr als Arznei denn als Genußmittel, und selbst heute noch herrscht bei einem großen Teile der männlichen deutschen Bevölkerung ein alteingebürgertes Vorurteil gegen den Teegenuß, den man in vielen Kreisen, im

Gegensatz zu Bier und auch Kaffee, für etwas Weichlich-Frauenhaftes hält und ihn immer noch zu den Hausarzneimitteln rechnet. In den Taxen der deutschen Apotheker findet er sich schon sehr früh, 1657 in Nordhausen, wo eine Handvoll noch 15 Gulden kostete, 1662 in Liegnitz, 1664 in Ulm, 1669 in Leipzig, 1683 in Dresden, 1704 in der Taxe des preußischen Staates, wo ein Lot Teekraut zu 5 Groschen gerechnet war.

Schon 1657 wurde der Tee am Hofe des Großen Kurfürsten bekannt, dessen holländischer Leibarzt Kornelius Bontekoe der hervorragendste Verfechter des Teegenusses war. In einer Schrift „Zur Erhaltung der Gesundheit" trat er 1667 gerade für den Tee als Getränk ein und konnte als Erfolg seiner Verordnungen verzeichnen, daß er damit seinem hohen Patienten die Schmerzen der Podagra gelindert habe. Trotz einiger Irrtümer und Übertreibungen, deren sich der kurfürstliche Leibarzt — sein eigentlicher Name war Kornelius Dekker — schuldig machte, ist nicht zu leugnen, daß er durch seine Propaganda für den Tee diesem in Deutschland die Einführung erleichterte und damit viel Gutes stiftete, sei es auch nur allein dadurch, daß er der Erste gewesen ist, der den Kampf gegen den übermäßigen Gebrauch der gerade damals besonders stark genossenen alkoholischen Getränke aufnahm, die er vor allem durch den Tee ersetzt sehen wollte.

Im Jahre 1686 wurde der Tee in einem Berliner medizinischen Nachschlagewerk erwähnt als ein bewährtes Mittel zum gesunden Leben. 1694 wird er noch einmal angeführt; in diesem Jahre erhielt nämlich der Markgraf Ludwig von Baden bei seinem Besuche in London vom englischen König Wilhelm ein goldenes Teeservice geschenkt. Der Leibarzt Friedrichs des Großen, Zimmermann, empfahl nicht nur den Tee auf Reisen, sondern erklärte ihn als das sicherste und beste Vorbeugungsmittel gegen alle Entzüdungen. 1717 wurde der Tee zu Strehlen als Marocco-Thée verkauft, 1722 gab es immer noch nur eine Sorte Tee in Deutschland, 1750 waren es derer sieben, 1772 schon rund 60. 1784 überwinterte zum ersten Male in Deutschland eine Teepflanze im Freien, und zwar in Hohenheim bei Stuttgart trotz großer Kälte.

In Schwaben sollte der Tee mit der Dichtkunst vereint werden. Sang doch Altmeister Uhland:

„Ihr Saiten tönet sanft und leise
Vom leichten Finger kaum geregt!
Ihr tönet zu des Zärtsten Preise,
Des Zärtsten, was die Erde hegt.

In Indiens mythischem Gebiete,
Wo Frühling ewig sich erneut,
O Tee, du selber eine Mythe,
Verlebst du deine Blütenzeit."

Trotz dieses poetischen Hinweises ist gerade in Süddeutschland der Tee, wie schon oben erwähnt, nicht so sehr ins Volk eingedrungen. Hier wird ihm der Kaffee noch vorgezogen.

Wohl der berühmteste Teehändler war in den Jahren 1847 bis 1863 der Erforscher von Troja, Heinrich Schliemann, der sich seit 1854 auch dem Tee-Import widmete, durch den er ein Vermögen gewann, das wiederum seine Ausgrabungsarbeiten erst ermöglichte.

Auch in Deutschland wurde lange Zeit der grüne Tee allein getrunken, und erst von den 90er Jahren des vergangenen Jahrhunderts ab konnte der schwarze Tee seinen grünen Bruder verdrängen, der sich heute nur mehr ausnahmsweise als Einfuhrware findet.

Durch sehr erhebliche Wiederausfuhr nach den Nachbarländern Deutschlands, aber auch nach Südamerika und Nordafrika, überstieg die Gesamtleistung des deutschen Teehandels den einheimischen Verbrauch um ein Mehrfaches. Bis zum letzten Viertel des vorigen Jahrhunderts wurde ein sehr erheblicher Teil der russischen Einfuhr von deutschen Firmen über Königsberg (Pr.) geleitet. Durch Verschiebungen im Weltteehandel, besonders nach dem Beginn der unmittelbaren Verschiffungen von China und Indien nach Odessa, wurde Ende der 70er Jahre dieser bis dahin sehr bedeutende Teil des deutschen Handels völlig unterbunden.

Dem aufsteigenden Teekonsum, der bis ins Jahr 1909 ständig zunahm, machte die deutsche Regierung im Sommer desselben Jahres fast ein Ende, indem sie den Zollsatz für Tee verdoppelte, wodurch die Kopfmenge im Jahre 1910 fast auf die Hälfte zurückging.

Außerordentliche Schwierigkeiten hatte die deutsche Teeversorgung während des ersten Weltkrieges durchzumachen. Nur ein Bruchteil der Einfuhr aus China wie aus Indien und Ceylon erreichte die Heimathäfen, während Java-Tee über Holland in größeren Mengen zu haben war, was ihm bald eine ausgesprochene Beliebtheit einbrachte.

In den Jahren zwischen den beiden Kriegen erreichte die Tee-Einfuhr in Deutschland ihren bisher höchsten Stand, trotzdem war die Versorgung auch im zweiten Weltkriege nicht gewährleistet.

Der Zollsatz je 1 kg Tee betrug von 1875 bis 1909 25 Pfennige, 1910 bis 1912 50 Pfennige, ab 1913 1 Mark, ab 1924 2 Mark 20 Pfennige und ab 1930 3 Mark 50 Pfennige — ein Zeichen des immer größer werdenden Bedarfs des Staates an Geldmitteln, die der Verbraucher, in diesem Falle der Teetrinker, aufbringen muß.

Der Tee blieb bewirtschaftet bis ins Jahr 1949, hinzu trat die Einführung der verderblichen Teesteuer von 15,— DM je Kilo ab 10. März 1949, beides zusammen übte eine erhebliche Steigerung der ungesetzmäßigen Einfuhr, die besonders über München lief, aus. Die im Schwarzhandel nach Deutschland gebrachten Mengen waren überhaupt nicht zu erfassen, sie können aber als ein Vielfaches der ordnungsgemäßen Einfuhr angenommen werden. Es war ja auch für den Verbraucher so unendlich einfacher, sich am Schwarzen Markt ein Paket Tee zu erstehen als auf seine Lebensmittelkarte den Aufruf für eine verschwindend kleine Menge abzuwarten. Vor der Währungsreform gab es überhaupt nur mehr in den Hansestädten und in Ostfriesland Tee auf Marken, das Binnenland hatte das Nachsehen, hier wurden nur die Krankenhäuser usw. bedacht. Ab 1949 war der Tee zwar nicht mehr bewirtschaftet, aber es gab überhaupt keinen mehr. Erst durch den Abschluß eines Globaleinkaufs in Indien in einer Höhe von 570 Tonnen konnte der deutsche Teehandel endlich wieder wenigstens in der Rolle eines reinen Verteilers auftreten. Auch dieser Kauf, bei dem allerdings wenig Rücksicht auf die Güte der zu empfangenden Ware gelegt wurde, unterlag der Zustimmung der amerikanischen JEIA. Zoll und Steuer verteuerten aber die Ware so stark, daß sich nur mehr Begüterte den Tee als tägliches Getränk leisten konnten; so stieg der Preis, den der Importeur anlegen mußte, durch Zoll, Steuer, ab 30. Juli 1953 allerdings nur noch 3,— DM je Kilo, Umschlagkosten und Kosten des Handels je Kilo von 5,— DM bei der Einfuhr auf 30,— bis 40,— DM je Kilo für den Verbraucher. Die Teesteuer allein brachte im Jahre 1952/53 dem Bund die erhebliche Summe von über 41 Mill. DM ein; das sagt mehr als ein Kommentar. Das Geschäft war äußerst schwierig und wenig erfreulich, auch deswegen, weil der Schwarzhandel teilweise bessere Gütegrade lieferte.

Aber schon in den folgenden Jahren stieg die rechtliche Einfuhr wieder auf annehmbare Ziffern, 1952 war etwa die Hälfte der Einfuhr von 1935 erreicht. Allerdings stieg das Binnengeschäft erst mit der Senkung der Teesteuer 1953, wobei sich als äußerer Umstand der bevorzugte Kauf von größeren Packungen bemerkbar machte, der 10-g-Beutel trat gegenüber der 100-g-Packung zurück, dafür erschienen in größerem Umfange die kleinen Teebeutelchen, wie „Tee-Fix", auf dem Markte.

DIE KULTUR DES TEESTRAUCHES

Der Anbau des Tees

Das gedeihliche Fortkommen des Teestrauches innerhalb so weiter Grenzen wie zwischen dem 30. Grad südlicher und dem 43. Grad nördlicher Breite ist nur deshalb möglich, weil sich die Pflanze den verschiedenen Temperaturverhältnissen in ausgedehntem Maße anzupassen vermag und ihre Ansprüche an Klima, Boden usw. an sich gering sind. Solange man auf die Erfahrungen der Chinesen und Japaner angewiesen war und nur deren Kulturen kannte, hielt man den Teestrauch für ein Gewächs, das nur in Höhenlagen von 600 bis 1000 Meter über dem Meere vorkomme und gedeihe. Aber bei der Arbeit in den neuen europäischen Kulturen in Indien und auf Ceylon sowie auf Java und Sumatra brachte man im Laufe der Jahre in Erfahrung, daß der Tee auch im tropischen Tiefland sich gut einbürgerte und hier besonders reiche, wenn auch nicht stark aromatische Ernten bringt. Andererseits gedeiht er aber bei tropischem und subtropischem Klima noch in 2400 Meter Meereshöhe (Darjeeling liegt z. B. 2200, verschiedene Gärten Ceylons 2400 Meter hoch), zwar in seinen Ernteergebnissen spärlicher, aber mit ganz besonders aromatischen Blättern. In manchen Gebieten Chinas und Japans sind die Sträucher im Winter zuweilen tagelang mit Schnee bedeckt und einer Kälte bis zu minus 3 Grad C ausgesetzt, ohne dabei Schaden zu leiden. Bedeutend anspruchsvoller ist der Tee bezüglich der Feuchtigkeit. Neben ausreichender Luftfeuchtigkeit — das insulare Klima der Inseln Ceylon, Java und Sumatra ist daher besonders geeignet — verlangt er verhältnismäßig reichliche Niederschläge, im Jahresmittel etwa 2000 Millimeter und mehr, die ziemlich gleichmäßig über das ganze Jahr verteilt sein sollen, wogegen er gegen stehendes Grundwasser sehr empfindlich ist. Künstliche Bewässerung findet man in einzelnen Teegärten des indischen Kulturkreises, sie soll auch in manchen Gegenden Chinas Verwendung finden.

Die Wirkung des Klimas ist auf den Geschmack des Tees sehr einschneidend: Die kälteren Wachstumsbedingungen der Berge hemmen zwar die ursprüngliche Schnelligkeit des Nachwachsens der Blätter, fördern aber andererseits deren hauptsächlichste Geschmacksbestandteile. Während der Monate, in denen das Wachstum schneller fortschreitet, namentlich in den Monaten März bis Mai und dann wieder, allerdings nicht im gleichen Umfange, im Oktober und November, nimmt die Güte selbst auf den höchstgelegenen Teegärten ab und kehrt erst dann wieder, wenn die Schnelligkeit des Wachstums nachläßt. So wurde festgestellt, daß im Uva-Bezirk (Ceylon) ein paar Tage windigen, trockenen Wetters vor der Ernte den Charakter derselben vollkommen ändern können, da sie einen Geschmack im Blatt erzeugen, der den Wert des Tees erheblich erhöht. Die gleiche Wirkung wird in größeren Höhen erzielt während der Monate Januar und Februar, wenn klare Tage und kalte Nächte, die manchmal von leichtem Frost begleitet sind, herrschen.

Bei der Besprechung der Kultur ist vor allen Dingen der große Unterschied der Bebauungsweise in China und Japan gegenüber der im indischen Kulturkreis hervorzuheben. *China* kennt nämlich keinen sogenannten Plantagenbetrieb, sondern der Tee wird auf den Feldern der Bauern, die meist nur geringen Grundbesitz bearbeiten, in kleineren oder größeren Flächen angebaut, ähnlich dem Getreidebau in Oberbayern. Die Teekultur hat in China mehr den Charakter einer Gartenkultur. Die Gärten, die je nach der geographischen Beschaffenheit des betreffenden Gebietes entweder im Berg- und Hügelland oder in der Ebene angelegt sind, befinden sich teils in größerer Entfernung von den Wohnstätten, teils in unmittelbarer Nähe der Häuser oder Dörfer. Die bepflanzten Flächen stehen jedoch nicht in systematischer Verbindung miteinander, sondern sind überallhin verstreut, was auf die starke Zersplitterung des chinesischen Landbesitzes zurückzuführen ist. Ihrer Armut wegen sind die Pflanzer meist gezwungen, auf demselben Landstreifen auch noch lohnender erscheinende Erzeugnisse anzubauen, was den Eindruck der Unregelmäßigkeit noch erhöht. Die gesamte Arbeit wird ausnahmslos von Familienmitgliedern verrichtet, auch in den sogenannten Teeprovinzen ist dies meist Brauch; Lohnarbeit findet sich selten. Die bäuerliche Bevölkerung erledigt alle Arbeit mit der Hand und den einfachsten Werkzeugen; Maschinen sind fast völlig unbekannt. Sind sie auf größeren Gütern vorhanden, so steht ihnen der Chinese innerlich fremd gegenüber, auch dienen sie dann mehr zu Versuchszwecken denn als Ersatz für Handarbeit. Teebauern, die sich nur dem Tee widmen würden, gibt es außerhalb der Teeprovinz nicht. Ein Bauer, der mehr als 100 Sträucher besitzt, muß schon als Großerzeuger betrachtet werden. Die Pflanze wird auf vielen der Güter im kleinen bis allerkleinsten Umfange gezogen, fast mehr zum Hausgebrauch, nur selten ist ein größeres Feld damit angebaut. Sie wächst vor allem auf Rainen und Dämmen der Reis- oder Hirsefelder. Daher ist auch das Ernteergebnis zweier benachbarter Felder selten miteinander zu vergleichen. Eine feinere Bearbeitungsweise ist unbekannt, niemand jätet das zwischen den Sträuchern gedeihende Unkraut. Dem Pflücken wendet man nur dann mehr Sorgfalt zu, wenn eine Händlergilde (hong) die Ernte für die etwaige Ausfuhr gekauft und darauf Vorschuß geleistet hat, weniger aus Rücksicht auf die Güte einer Ware, die den chinesischen Namen trägt, als vielmehr aus Angst, man könne im Falle von Beanstandungen den natürlich schon lange vorher verbrauchten

Vorschuß wieder zurückerstatten müssen. Für den Inlandsbedarf wird durchschnittlich barbarisch gepflückt. Saatgärten oder ähnliche Anlagen kennt man kaum in den Teeprovinzen, sonst überhaupt nicht einmal dem Namen nach.

Erst auf russische Veranlassung hin und nach vielem Hin- und Herreden wurde von der chinesischen Regierung 1905 eine Studienkommission nach Indien und Ceylon gesandt. Als Ergebnis derselben wurde eine Anbauschule für Tee 1906 in Nang-king gegründet. Der tatsächliche Erfolg aber war nichtig. Um den Bauern eine Anregung im Teebau zu geben, wurden dann 1915 im Kimun-Distrikt vorbildliche Gärten und andere Anlagen angelegt und zur Überprüfung der Ausfuhrware fachmännische Ausschüsse in Schanghai, Fu-tschau und Han-kau gegründet, deren Tätigkeit jedoch durch ewigen Geldmangel unterbunden wurde.

Es gibt in China wahrscheinlich nur eine einzige moderne Teefabrik, die ehemals der Ningchow Tea Plantation Company gehört hat. Sie brachte 1919 zum ersten Male einen gleichmäßigen Tee von auffallender Güte auf den Markt, fand jedoch trotz ihrer beispielhaften Arbeit keinen Nachahmer.

Das Nachlassen der Nachfrage nach chinesischem Tee hat zu einer noch größeren Vernachlässigung der ohnehin so primitiven Kultivierungsweise geführt; es steht zu befürchten, daß durch den andauernden Bürgerkrieg, durch die Kämpfe mit den Japanern und das kommunistische System auch in neuerer Zeit hier nur eine Verschlechterung eingetreten ist. Wurden schon früher Teegärten, die verwilderten oder an schwer zugänglichen oder entfernteren Plätzen lagen, vielfach verfallen gelassen, so wird es heute noch in weitaus größerem Umfange der Fall sein.

Die Tees aus *Formosa,* der vor Chinas Küste liegenden großen Insel, wurden statistisch durch Japan miterfaßt, obwohl sie mit dem japanischen Tee nichts gemein haben. Der seit einer längeren Zeitspanne sich gleichbleibende Anbau wird hauptsächlich am Nordende der Insel in den Bezirken Tai-ho und Schui-tschi-ku vorgenommen; meist sind es Erträgnisse kleinbäuerlicher Betriebe, die fast ausschließlich in chinesischem Besitz sind. Aber anders als in China leben diese Bauern, etwa 20 000 Familien, mehr oder weniger ganz vom Tee, besonders seit sich Japan um den Anbau auch finanziell kümmerte. Die ersten Anbauversuche — von chinesischer Hand — wurden um 1860 gemeldet, schon 1866 erfolgte die erste Ausfuhr. Heute wird auch in zwei großen Konzernpflanzungen geerntet, die ihrem finanziellen Ausmaße nach mit die größten Industrieunternehmen des japanischen Imperiums waren. In ihren Faktoreien werden auch die Erträgnisse vieler Kleinbauern mitverarbeitet.

Zwei Drittel des Teeanbaus von Formosa sind Ulong-Tees. Die ursprünglich chinesischen Ulong-Pflanzen wurden auf der Insel in eigentümlicher Weise fortgepflanzt. Es geschieht seit Anbeginn des Anbaus durch Ableger, statt durch Setzlinge. Vom lebenden Strauche wird ein Zweig so lang gezogen, bis er abgebogen ein Stück unter der Erdoberfläche zu liegen kommt. Hier wird er mittels Kreuzen aus Bambusrohr so lange festgehalten, bis er Wurzel schlägt und so zum neuen Strauche emporwächst.

Der Teeanbau in *Japan* zerfällt in zwei Gruppen; die erste wird vom bäuerlichen Kleinbetrieb, die zweite vom industriellen Großbetrieb gebildet. Die Bauern pflanzen ihren Tee sowohl für den Eigenbedarf wie für die Belieferung der näher gelegenen Städte, in Form von kleinen Sträuchern, an Wegen und Feldrainen ihres Besitztums, in den Gärten beim Hause und auf kleinen Feldstücken, immer zumeist unter Maulbeerbäumen, also auf ähnliche Weise wie in China. Die Zahl der teeanbauenden Bauern wird auf etwa 1 000 000 geschätzt. Große Teegärten dagegen, deren Bearbeitungsmethoden mehr denen des indischen Kulturkreises entsprechen und die vorwiegend mit Maschinen arbeiten, gibt es nur auf Hondo und Kiuschu. Hier wird der Tee auf großen Terrassen von rundlich gestutzten 1 bis $1^{1}/_{2}$ Meter hohen Bäumchen gewonnen. Die Pflanzen sind von chinesischer Abstammung. Wenn auch die Fortpflanzung und Regenerierung meist durch Setzlinge des eigenen Tees vollzogen wird, so kamen auch bis in die letzte Zeit hinein Schößlinge unmittelbar aus China, womit die notwendige Auffrischung der Pflanzungen erreicht wurde. Die Gesamtanbaufläche Japans erstreckt sich zwischen dem 33. und 39. nördlichen Breitengrade und umfaßt rund 45 000 Hektar.

In *Korea* wird der Tee nur selten angebaut und dient dort nur dem örtlichen Gebrauch; irgendwelche Wichtigkeit ist ihm in diesem Lande nicht beizumessen.

Ganz anders liegen die Verhältnisse im *indischen Kulturkreis,* in dem die europäische Pflanzungsweise große zusammenhängende Teegärten bevorzugte, die unter strenger Aufsicht europäischer Beamter den Anbau des Tees modern und wissenschaftlich betrieben. Maschinen werden in großem Umfange nutzbar gemacht, alle Ergebnisse moderner wissenschaftlicher Forschung werden angewandt. Trotzdem ist die Kultur der Pflanzung in allen Teegebieten im wesentlichen die gleiche.

Da die erfolgreiche Vermehrung des Teestrauches nicht durch Stecklinge geschieht, sondern nur durch Aussaat möglich ist, wird der Teesamen, von dem etwa 90 von 100 keimen, in Samenbeeten ausgelegt, die vorsichtig gegen Sonne und Wind geschützt sind und deren Boden mit aller Sorgfalt bearbeitet worden war. Großes Gewicht muß auf die zuverlässige Beschaffenheit des Samens gelegt werden, um gesunde Pflanzen in der gewünschten Anzahl und in gleichmäßiger Art zu erhalten. Verschiedene Ceylongärten haben ein gutes Geschäft damit gemacht, daß sie die Sträucher zum Blühen und Samentragen kommen ließen und dann den Teesamen an andere Gärten lieferten. Die Auswahl eines guten Samens in der nötigen Vorratsmenge ist sehr wichtig und ist zum Schaden der meisten Gärten lange Zeit vernachlässigt worden. Während der letzten 40 Jahre hat die

Teeversuchsstation in Buitenzorg auf Java die verschiedensten wissenschaftlichen Versuche gemacht, was die Auswahl des Samens anbelangt, und dabei die Teepflanze in systematischer Weise studiert. Das Ziel war, die Arten zu finden und bekanntzumachen, deren Blätter die beste Ernte ergeben. Aber auch solche wurden ausgewählt, die besondere Widerstandskraft gegenüber schädlichen Einflüssen hatten. Von den besten Elternpflanzen wurden Pfropfreiser an die einzelnen Gärten zur Samenerzeugung verteilt.

Wenn die Setzlinge eine Höhe von 20 bis 40 cm nach rund 5 bis 7 Monaten Wachstum erlangt haben, werden sie auf die für den Anbau bestimmten sorgfältig zubereiteten Böden verpflanzt, wobei ein Abstand von 1 bis 2 Meter zwischen jeder Pflanze gewahrt wird. In vereinzelten Fällen wird der Samen auch in die neu zu bepflanzenden Gärten ohne Vorbenützung von Samenbeeten gelegt.

Die Teegärten werden mit Vorliebe an Bergabhängen oder auf den Wellen eines Hügellandes angelegt, weil sich auf diese Weise am leichtesten das schädliche stehende Grundwasser vermeiden läßt. Auch kann nur hier die Pflanze die notwendige Sonnenbestrahlung erhalten, von der sie eine reichliche Menge beansprucht, Schatten ist ihr abträglich. Man zieht daher die östlichen und südöstlichen Lagen in den Tropen mit Rücksicht darauf vor, da die späteren Tagesstunden durch Nebel und Regen (in der Monsunzeit) weniger sonnig sind. Finden sich in den Teegärten noch Bäume vor, so sollen sie nicht Schatten spenden, sondern als Windbrecher dienen, da die Pflanzen, besonders in ihren jüngeren Jahren, gegen rauhe Winde sehr empfindlich sind. Beim Einpflanzen muß besonders darauf geachtet werden, daß die lange Pfahlwurzel des Teestrauches freie Entwicklung hat, die Humusdecke muß also genügend tief in den Boden hineinreichen. Der Tee gedeiht auf allen normalen Böden, welche dieser Forderung genügen. Untauglich sind leichte Sandböden, weil das Regenwasser zu schnell versickert, und steifer Ton, weil hier eine Durchlüftung des Bodens nicht stattfindet. Da die Ansprüche des Tees an den Boden im wesentlichen die gleichen sind wie die eines Waldes, so eignet sich ein neugerodetes, jungfräuliches Waldland besonders gut zur Anlage von Teegärten. In Gebieten, wo ein ausgesprochener Wechsel zwischen Regenzeit und Trockenzeit herrscht, wird die Versetzung der Stecklinge zu Beginn der Regenzeit vorgenommen, wobei der Boden, wenn es notwendig erscheint, zuerst gedüngt wird. An den Nährstoffgehalt des Bodens stellt der Teestrauch keine hohen Anforderungen. Er kann auch auf sehr armen Böden gedeihen. Bisher hat man im allgemeinen noch keine Erschöpfung der Teeböden bemerkt, wenigstens im indischen Kulturkreis, welcher dem forschenden und beobachtenden Wissenschaftler allein zugänglich ist. Im Gegenteil, die Erträge sind im Laufe der Jahre im allgemeinen noch gewachsen, was zunächst überraschen muß, wenn man berücksichtigt, daß dem Boden mit einer Durchschnitts-

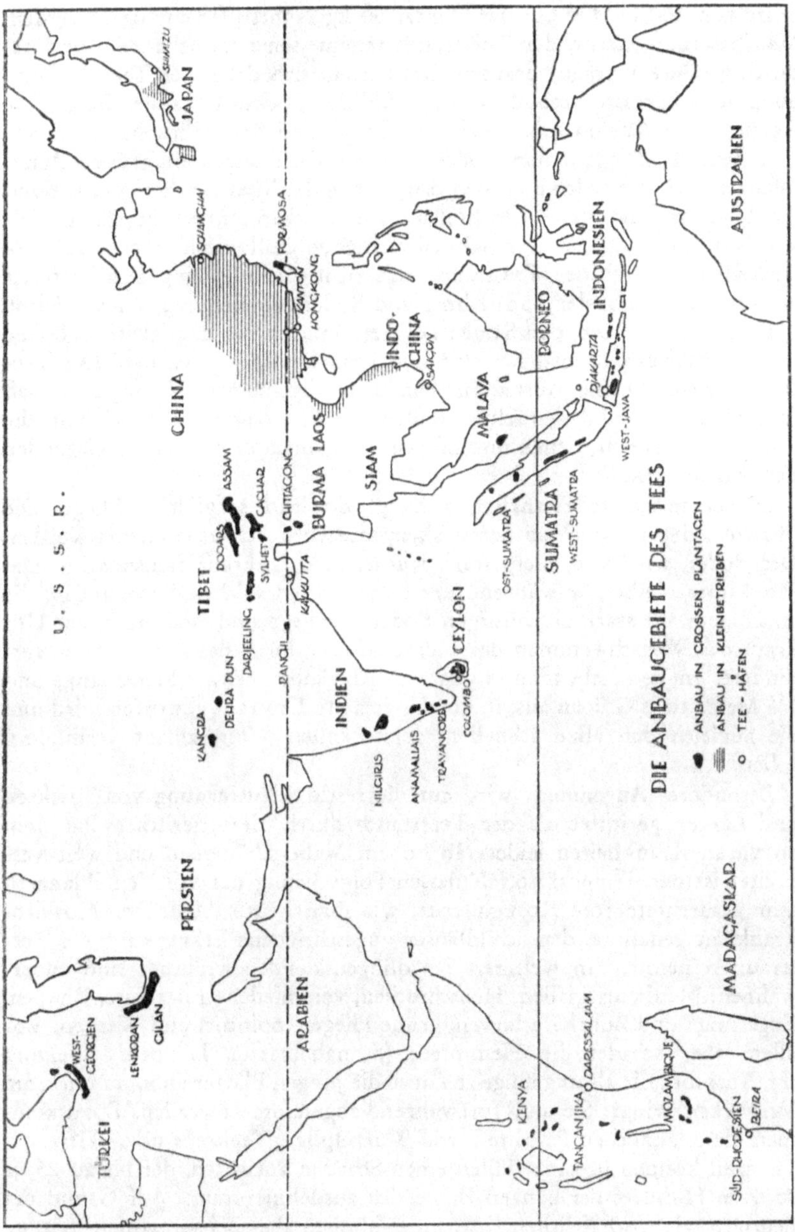
DIE ANBAUGEBIETE DES TEES
ANBAU IN GROSSEN PLANTAGEN
ANBAU IN KLEINBETRIEBEN
TEE-HAFEN
U.S.S.R.
TÜRKEI
WEST-GEORGIEN
LENKORAN
GILAN
PERSIEN
ARABIEN
KENYA
TANGANJIKA
DARESSALAM
MOZAMBIQUE
BEIRA
SÜD-RHODESIEN
MADAGASKAR
KANGRA
DEHRA DUN
NILGIRIS
ANAMALLAIS
TRAVANCORE
COLOMBO
CEYLON
INDIEN
RANCHI
TIBET
DARJEELING
KALKUTTA
SYLHET
DOOARS
ASSAM
CACHAR
CHITTAGONG
BURMA
LAOS
SIAM
CHINA
INDO-CHINA
SAIGON
MALAYA
OST-SUMATRA
WEST-SUMATRA
SUMATRA
WEST-JAVA
DJAKARTA
BORNEO
INDONESIEN
KANTON
HONGKONG
FORMOSA
SCHANGHAI
JAPAN
SHIMIZU
AUSTRALIEN

ernte von 500 kg Tee auf das Hektar 60 kg Nährstoffe entzogen werden. Man hat aber gelernt, den Teestrauch angemessener zu behandeln und dadurch größere Erträge herauszuwirtschaften; daß dabei der Tee für Düngung dankbar ist, besonders für reichliche Stickstoffzufuhr, haben die Versuche auf Ceylon mit Kalziumkarbonat und Superphosphat erwiesen.

In neuester Zeit legt man großen Wert auf das Düngen mit grünen Düngpflanzen. Diese werden zwischen den Reihen der Teesträucher gezogen und gleich an Ort und Stelle dem Boden durch Harken einverleibt. Es handelt sich vor allen Dingen um schnellwachsende Hülsenpflanzen (Lupinen). Trotzdem braucht der Teestrauch, um richtig ertragsfähig und erntereif zu werden, verschieden nach Klima und Bodenverhältnissen, 2 bis 4 Jahre.

Es ist nicht ratsam, den Samen des Teestrauches auf dem gleichen Boden zur Anpflanzung zu bringen, von dem man ihn gewonnen hat. Der Teestrauch macht keine Ausnahme von dem allgemeinen Naturgesetz, daß Inzucht auf ein und demselben Boden zur Entartung führt, weshalb die Pflanzer aus verschiedenen und oft weit voneinander entfernten Gegenden den Samen aufkaufen.

Die eingerichtete Pflanzung verlangt dauernd sorgfältige Pflege. Die Pflanzen, die im Wachsen nachhinken, müssen durch neue ersetzt werden. Der Boden wird von allem stark wuchernden Unkraut freigemacht. Das Jäten unterbleibt nur während der Regenzeit in solchen Pflanzungen, die an Hügeln auf stark abschüssigen Boden angelegt sind, weil dann das Unkraut das Wegschwemmen der Humusschicht durch das Regenwasser verhindert. In Java hebt man in gewissen Abständen etwa 2 Meter lange und 1½ Meter tiefe Gräben aus, in die das gejätete Unkraut geworfen wird und die zugleich den allzu schnellen, zerstörenden Wasserablauf verhindern sollen.

Besonderes Augenmerk wird auf die restlose Entfernung von Insekten und Larven gerichtet, da der Teestrauch durch diese tierischen Parasiten an vielen Krankheiten leidet. In hohem Maße schädigend und weit verbreitet ist der Teemoskito, als dessen Folge häufig der von den Pflanzern sehr gefürchtete rote Rost auftritt, wie man heute die früher Moskitokrankheit genannte, den Schildläusen zugeschriebene Erkrankung des Teestrauches nennt. An weiteren Schädlingen der Teesträucher sind zu erwähnen: Maulwurfsgrillen, Heuschrecken, verschiedene Blattläuse, Raupen, Engerlinge und Bohrkäferlarven, grüne Fliegen, Spinnen und Wespen. Vor allem aber schadet die Hemiptere (Schnabelkerfe), helopeltis theïvora (H. Antonii), die als ungeflügelte Larve die jungen Blätter anbohrt und zum Verwelken bringt. Sie muß fortwährend abgesammelt werden. Dazu kommen die pflanzlichen Parasiten, wie Wurzelpilze, Teekrebs usw. Tiere wie Pflanzen können in Einzelfällen einen Schaden anrichten, der bis zu 25, ja 35 vom Hundert der ganzen Ernte sich ausdehnen kann. Auf Grund der heutigen wissenschaftlichen Kenntnisse können aber bei sorgsamer Haltung eines Teegartens alle Krankheiten und Schädlinge durchwegs mit Erfolg bekämpft werden, so daß einem größeren Schaden immer Fahrlässigkeit zugrunde liegen dürfte.

Soviel man aber heute auch von den Erkrankungen und Schädlingen des Teestrauches weiß, gibt es noch keine Schule, auf der der Pflanzer sich im allgemeinen Kenntnisse über Pflanzenkultur und Teeanbau aneignen könnte, so daß die notwendigen Erfahrungen immer wieder erneut, oft mit teuerem Lehrgeld bezahlt, gewonnen werden müssen.

Ist der Teegarten mit den Jahren so weit gediehen, daß die Blätter zum ersten Male geerntet werden können, so wird der Boden einmal jährlich umgehackt bzw. umgepflügt, da er durch die Pflücker festgetreten wurde, eine gute Durchlüftung des Bodens aber für das Gedeihen der Pflanze unerläßlich ist.

Die Hauptarbeit im Teegarten erfordert das Beschneiden der Sträucher, das mit der nötigen Sachkenntnis und mit großer Sorgfalt, aber ebenso stark wie bei unseren Hecken geschehen muß, da hiervon im hohen Maße der Ertrag der Ernte abhängt. Durch wiederholtes Zurückschneiden auf eine Höhe von einem halben Meter in den ersten Jahren, gelingt es in Indien und Ceylon Sträucher zu erzielen, die die Höhe von 2 Metern nicht überschreiten und eine möglichst ebene, tellerförmige Oberfläche haben. Denn ein gutgezogener Teestrauch soll oben flach oder etwas gewölbt sein und einen Durchmesser von etwa einem halben Meter besitzen. Im Alter von zwei Jahren hat dann der Strauch eine Höhe von etwa einem Meter und kann zum ersten Male, wenn auch mit geringem Erträgnis, abgeerntet werden. Von da ab wird alle Jahre einmal, und zwar zu Ende des Winters oder der Trockenzeit, zurückgeschnitten. Durch dieses häufige Beschneiden und durch das Abpflücken der jungen Triebe wird der Strauch stark zur Zweigbildung angeregt, so daß die Sträucher schließlich wie aufrechtstehende Reisigbesen aussehen. Ein Übermaß von Zweigen wird, um der Pflanze Licht und Luft ungehindert zu verschaffen, durch jährliches Ausschneiden entfernt, wobei auch Erkrankungen durch dieses Reinigen der Sträucher ausgesondert werden. Ferner müssen das ungesunde Holz und so viele Zweige herausgeschnitten werden, daß sich genügend neue Triebe mit möglichst vielen Blättern entwickeln können, deren Abernten der niedrig gehaltene Strauch erleichtert. Für die Samenzucht läßt man die Sträucher zu kleinen Bäumchen wachsen und beschneidet sie nur in der Weise und unter demselben Gesichtspunkt wie in Deutschland die Obstbäume.

Die Ernte des Tees

Im Gegensatz zum Kaffee und zum Kakao wird beim Tee nicht die Frucht, sondern das Blatt geerntet. Blütenschäden, die der Kaffee- oder Kakaobaum in der Blütezeit erleidet, können, wenn keine spätere Erholung eintritt, zu einer starken Beeinträchtigung und Verminderung der Ernte führen. Dagegen können bei der Ernte des Blattes ungünstige Bedingungen das Wachstum zwar behindern und die Güte des Erzeugnisses beeinträchtigen, doch werden sie nie zu einschneidenden Schädigungen führen. Die Tee-Ernte besitzt ein ziemlich hohes Maß von Zuverlässigkeit.

Mit dem Pflücken der Teeblätter kann, wenn der Strauch zwei Jahre alt geworden ist, begonnen werden, doch ist da die Ernte noch wenig ergiebig. Auch später muß sich das Pflücken immer in solchen Grenzen halten, daß das gute Gedeihen der Sträucher nicht darunter leidet und gleichmäßig hohe Ernten auf die Dauer gewährleistet sind.

In China und Japan erntet man im Laufe des Kalenderjahres vier- bis fünfmal, und zwar zum ersten Male in den Monaten März bis Mai. Man bevorzugt für diese erste Jahresernte, der sogenannten Frühlingspflückung, deren Tees in China unter dem Sammelbegriff tu-pang-tscha zusammengefaßt werden, die Zeit Anfang März vor der vollen Entfaltung der Blätter. Man hält peinlich genau darauf, daß der Augenblick getroffen wird, an dem die Blätter sich eben aufzurollen beginnen — der Tee ist deshalb auch sehr zart — und sieht in einer Verzögerung eine wesentliche Herabsetzung der Ware. Da bald nach diesem Zeitpunkte in den Teebezirken Chinas reichliche Niederschläge, begleitet von Gewittern, auftreten, so erholen sich die Zweige außerordentlich schnell. Die Witterung hat überhaupt großen Einfluß auf die Güte der Blätter: hat es zuviel geregnet, so werden sie leicht gelb und schimmelig, regnet es zuwenig, so bleiben sie klein und wachsen nur spärlich. Es ist also von großer Wichtigkeit, die Blätter zur rechten Zeit und bei schönem Wetter zu pflücken.

Ende Mai oder Anfang Juni läuft dann die zweite Ernte mit dem Sammelnamen er-pang-tscha an. Diese ist an Ergiebigkeit zwar größer, aber für die Ausfuhr nicht so wichtig und steht auch an Geschmack der ersten nach. Öfter findet Mitte Juli noch eine dritte auch entsprechend minderwertige Sommerpflückung statt, deren Ergebnis sam-pang-tscha genannt wird. Um diese Zeit sind nämlich die Blätter schon recht groß, werden nie mehr in der Bereitung genügend aromatisch. Da ohnehin durch das späte Beschneiden die Kraft des Strauches und damit das Ergebnis der nächstjährigen Ernte herabgesetzt werden kann, so wird diese Ernte mehr und mehr unterlassen. Trotzdem herrscht in manchen Gegenden noch eine alte Gewohnheit vor, im August und September noch zum vierten und fünften Male zu ernten. Diese letzten in ihrer Güte stark nachlassenden Ernten — der Chinese nennt den Tee se-pang-tscha — liefern nur sogenannten te-tscha, d. h. alten Tee, dessen Blätter zuweilen auch als Färbemittel benutzt werden. Bei der großen örtlichen Ausdehnung, die der Anbau des Tees in China umfaßt, und bei der kleinbäuerlichen Anbauart ist es klar, daß in einzelnen Gebieten die Ernte wie auch die Bereitungsarten stark voneinander ab-

Pflückerinnen in Kolonne (Ceylon)

Abwiegen der Teeblätter

Welkanlage für Teeblätter

weichen. Die Pflückarbeit wird aber meist durch junge Mädchen und Frauen, aber auch von älteren Kindern vorgenommen. Feine Sorten werden mit der größten Sorgfalt behandelt. So dürfen sie zum Beispiel von Frauen während ihrer Menstruationszeit überhaupt nicht berührt werden. Im Kimun-Distrikt müssen die Pflückerinnen täglich baden und dürfen keine stark riechenden oder gewürzten Speisen genießen.

Der Anbau in den Gärten wird in Japan aber nicht so genau und gründlich durchgeführt wie im indischen Kulturkreis. Schon auf das Pflücken der Blätter verwendet der Japaner im allgemeinen nicht die vorbildliche Sauberkeit des Chinesen. Auch hier geschieht es meist durch Mädchen, die aber nicht die ganze erntefähige Blattgruppe wie in Indien abknipsen, sondern jedes Blatt für sich in der Weise pflücken, daß das untere Blattdrittel am Strauche verbleibt. Man findet aus diesem Grunde im japanischen Tee auch sehr selten Blattstiele, während solche in China und Indien oft vorkommen. Das erste Pflücken am jungen Teestrauch erfolgt im dritten Jahre nach Aussetzen der Stecklinge, von da an folgen jährlich drei Ernten, die erste in den Monaten März bis Mai, die zweite im Juni und die letzte im Laufe des Juli und August. Die erste ist immer die ergiebigste, sie bringt etwa 50 vom Hundert des Gesamtbetrages und liefert auch den besten Tee.

In Japan sind die Verhältnisse und Gebräuche denen Chinas ähnlich, hier müssen die Pflückerinnen bei feinen Sorten bisweilen Handschuhe benutzen.

In dem gleichmäßigen subtropischen Klima Indiens, Ceylons, Javas und Sumatras, wo die ergiebigere Pflanzart europäischen Ursprungs vorherrscht — es gibt auch hier Kleingärten, die in Händen von Eingeborenen sind —, ist man nicht an bestimmte Erntezeiten gebunden. Es können in den Höhenlagen bis zu 15, in den Ebenen sogar bis über 30 einzelne Pflückungen vorgenommen werden, die in Abständen von etwa 7 bis 14 Tagen aufeinander folgen. Nur der Wechsel von Regen und Trockenheit und das Zurückschneiden der Sträucher bringen von selbst längere Pausen mit sich, da die vom Regen durchnäßten Blätter der Thea assamica den Geschmack des Erzeugnisses beeinträchtigen und ihn flau machen. Aus diesem Grunde unterbleibt in Darjeeling die Ernte in den Monaten Januar bis März/April. Die feinsten Tees werden in der ersten Pflückung nach der Regenzeit geerntet. 1950 wurden Teepflückmaschinen auf Ceylon zum ersten Male versucht, das Ergebnis war befriedigend, schon im Hinblick auf die Pflücklöhne, die sich seit 1946 verdoppelt hatten. Aber nur in großen Gärten sind solche Maschinen rentabel.

Der Ertrag eines Hektars beläuft sich im zweiten und dritten Jahr durchschnittlich auf 150 bis 170 kg. In den folgenden Jahren etwa 300 kg und erreicht mit dem 8. und 9. Jahre mit 600 bis 700 kg den Höhepunkt (die Gewichtsangaben bezeichnen das Gewicht des fertigen Tees), um von da an wieder etwas abzunehmen. Das Gewicht der rohen grünen Teeblätter schwankt zwischen 3000 und 10 000 kg je Hektar, das Gewicht am einzelnen Strauch beträgt im zweiten und dritten Jahre etwa ¼, im fünften Jahre etwa ¾ kg, um dann im achten bis zehnten Jahre auf rund 1 kg zu steigen. Alle diese Zahlen unterliegen natürlich ziemlichen Schwankungen. Die Ausbeute eines gewandten Pflückers beträgt am Tage etwa 30 000 Schößlinge, wenn er mit beiden Händen pflückt — rund 3000 Schößlinge ergeben etwa ½ kg fertigen Tee — bei einer Arbeitszeit von 12 bis 16 Stunden je Tag.

Der Strauch wird verjüngt, indem in Zeitabständen von vier bis fünf Jahren alle Zweige kurz am Stamm abgeschnitten werden, um neue Triebe hervorzurufen. Hilft diese Maßnahme nichts mehr und mindern sich trotzdem die Erträge, so wird der Strauch durch einen neuen ersetzt. Bei manchen Abarten nimmt der Ertrag vom 12. Jahre an dauernd ab, während andere wieder bis zu einem Alter von 30 und 40 Jahren, in Ausnahmefällen sogar noch länger, gute Ernten liefern. So soll es in Japan sogar noch tragende, erntefähige Teesträucher geben, die schon über 300 Jahre alt sind.

Zur Herstellung des Tees eignen sich die älteren voll ausgewachsenen Blätter nicht. Je jugendlicher die Blätter sind, desto schöner im Blatt wird der fertige Tee, um so feiner ist seine Güte im Rahmen ein und desselben Gartens. Abgesehen von der beim Pflücken des Teeblattes verwendeten Sorgfalt hängt die Güte des fertigen Tees besonders von der Höhenlage des Teegartens über dem Meere und dem Breitengrad des Erzeugungsortes ab. Je nördlicher und in je höherer Lage der Tee wächst, um so feiner ist er bei Gleichheit aller sonstigen Bedingungen. Der sorgsam arbeitende Gartenbetrieb hat es ganz in der Hand, bei kleinerem Ernteergebnis eine bessere Güte auf den Markt zu bringen, wenn die Bedürfnisse des Weltmarktes dies erheischen oder durch Pflücken größerer Blätter auch größere Erntemengen von allerdings minderer Güte zum Verkauf zu stellen. Mit dem gewaltigen Anwachsen der Erzeugung im indischen Kulturkreis ist man mehr und mehr dazu übergegangen, möglichst feine Sorten herzustellen, sich also darauf zu beschränken, die jüngsten Blätter allein zu pflücken. So werden in Indien und auf Ceylon außer der den Zweig abschließenden Knospe nur die beiden jüngsten Blätter, höchstens noch das dritte Blatt, gepflückt. Ob die Spitzenknospe schon offen oder noch geschlossen ist, ist insofern von Wichtigkeit, als eine noch nicht geöffnete Knospe die Güte des Tees erheblich heraufsetzt. Es wird nicht jedes einzelne Blatt für sich gepflückt, was viel zu mühsam und kostspielig wäre, sondern der ganze, saftige Stengelabschnitt, der dann auch im ganzen verarbeitet wird. Man verfährt meist so, daß von dem jeweils ältesten Blatte, das man pflücken will, der untere Teil zum Schutze der in seiner Achsel befindlichen Knospe stehen bleibt; das Blatt wird also etwa in ein Drittel Höhe von unten her abgebrochen.

Im indischen Kulturkreis wurde der Tee unter europäischer Aufsicht und Leitung in vorher genau bestimmten Abteilungen des Gartens geerntet, während er in China von den Einzelbauern und ihren Angehörigen mehr nach Augenschein und Gutdünken gepflückt wird. Indische Pflanzungen gleichen daher wohlgepflegten Gärten, chinesische dagegen sehen gerne vernachlässigt aus, da der chinesische Bauer, wenn einmal ein sicherer Verdienst erreicht ist, faul, ja lästerlich nachlässig wird. Aber auch hier gibt es Ausnahmen, so sind die besonders gepflegten Gärten des Kimun-Distriktes für chinesische Ansichten vorbildlich.

Eine chinesische Arbeiterin kann am Tage etwa 6 bis 8 kg frische Blätter pflücken, die etwa 1 bis 1½ kg fertigen Tee ergeben. Die Blätter kommen lose in baumwollene, sauber gewaschene Säckchen. In manchen Gegenden werden diese dann in Holzkisten gelegt, deren Boden vielfach durchlöchert ist. Ein Mann, meistens der Familienvater, tritt dann auf die Säckchen und preßt durch die genannten Löcher die Feuchtigkeit der Blätter als dickflüssigen, grünen Saft ab. Dieser Vorgang soll nach Ansicht der Chinesen den natürlichen Gerbstoffgehalt des Tees herabmindern.

Auch in Indien besorgen meist Frauen und Mädchen das Pflücken. Diese erfahrenen Arbeiterinnen kommen, wie erwähnt unter europäischer Leitung, im Durchschnitt auf eine Tagesleistung von 20 bis 22 kg grüner Blätter, also auf etwa 4 bis 5 kg Trockentee. Jede Pflückerin trägt auf der Hüfte oder auf dem Rücken einen Korb aus Bambusgeflecht, der an einem breiten Band, das entweder über die Schulter oder die Stirn läuft, getragen wird und in den mit Schwung die gepflückten Blätter geworfen werden. Der Inhalt dieser Tragekörbe wird dann am Rande des abzuerntenden Feldes gewogen und dort in große Körbe, die in der Nähe des nächsten Fahrweges stehen, ausgeleert. Diese großen Körbe werden dann wieder mittels Ochsenkarren, kleiner Feldbahnen oder Seilbahnen in die Fabrik gebracht, wobei die geernteten Blätter im Gegensatz zu China mit größter Sorgfalt behandelt werden, damit sie ja nicht gepreßt werden oder gar brechen.

Die ihm hoch dünkende Entlohnung und die übrigen günstigen Lebensbedingungen auf der Pflanzung veranlassen den Tamilen überhaupt erst, sein Heimatdorf zu verlassen und die Arbeit im Teegarten anzunehmen. In Wahrheit ist die Bezahlung jedoch gering, der Tagelohn für Frauen (Pflücken) beträgt rund 0,40, für Männer (Beschneiden und Entwässern) rund 0,75 indische Rupien. Der Lohn wird berechnet nach abgeernteten Flächen oder nach dem Gewicht der geernteten Blätter oder nach der Anzahl der beschnittenen Sträucher. Auch in Indien gibt es seit einigen Jahren eine immer brennender werdende Arbeiterfrage, die schon die britische Regierung zwang, den Arbeitern in Teegärten eine besondere Aufmerksamkeit zu widmen. Krankenhäuser und Kindergärten wurden errichtet, das Hauptnahrungsmittel Reis wird verbilligt abgegeben, auf einzelnen Faktoreien wohnen und leben heute die Arbeiter ganz umsonst.

Herstellung des schwarzen Tees

Die Herstellung des in Deutschland zumeist bekannten schwarzen Tees aus den geernteten rohen Blättern ist ein verwickelter, große Aufmerksamkeit erfordernder Vorgang. Von der Sorgfalt, mit welcher er ausgeführt wird, hängt die Güte der Fertigware ab. Das Verfahren hat sich bei den Chinesen empirisch herausgebildet, wozu lange Zeit notwendig war. Da man bei der Einführung der Teekultur in Indien auf sie als Lehrmeister angewiesen war, wurde auch hier anfänglich nach ihrer Arbeitsweise vorgegangen, die noch dazu meist mit dem Schleier des Geheimnisses umgeben war. Doch stellte sich bald heraus, daß man von dem einfachen, ausschließlich auf Handarbeit beruhenden und nur auf Zwergbetriebe zugeschnittenen Verfahren zur Maschinenarbeit übergehen mußte, wenn überhaupt die Tee-Erzeugung im großen ausgebaut und gedeihen sollte. Dies aber bedingte eine einschneidende Vereinfachung des reichlich verwickelten Verfahrens. Einem Übelstand mußte man vor allen Dingen begegnen, der in China die Güte der Ware stark beeinträchtigt, nämlich dem, daß das Teeblatt erst nach langen und oft mehr als schlechten Wegen die Faktorei des Hongs erreicht und dabei nicht selten in eine Vorfermentation gerät. Man bekämpfte in Indien dieses Mittel durch den Bau von Feldeisenbahnen und dergleichen Verkehrsmitteln.

Bei den Chinesen sind zur Herstellung des schwarzen Tees nicht weniger als zwölf Einzelverfahren nötig, deren erstes das Welken ist. Hierbei werden die grünen Teeblätter auf Hürden aus Bambusfaser gelegt und zur Beschleunigung des Welkens mit den Händen gedrückt und mit kleinen Holzstäbchen geschlagen. Dabei beginnt schon das zweite Verfahren, nämlich das erste Rollen der Blätter, auch eine reine Handarbeit, die, wenn es sich um feinere Sorten handelt, im Schatten vorgenommen wird. Bei Regen gepflückte Blätter werden dabei zum Trocknen kurze Zeit über eine Holzkohlenglut gestellt; man verwendet hierfür deswegen Holzkohlen in einem einfachen, besonders für diesen Zweck gebauten Ofen, weil sie allein keine Dämpfe und Gase erzeugen, die dem empfindlichen Tee einen unerwünschten Geruch verleihen. In die Öfen sind große kupferne Kessel eingebaut, die die Blätter aufnehmen. Nach der Abkühlung erfolgt als drittes Verfahren das zweite Rollen, wobei die Blätter zwischen den Händen leicht hin- und herrollend gerieben werden. Es geschieht in einem offenen Schuppen, um ein zu schnelles und zu heftiges Gären der Blätter zu verhindern. Von jetzt an beginnt sich das Aroma des Tees zu entwickeln. Dann werden die Blätter im vierten Arbeitsvorgang in abgedichtete Körbe gepackt und mit Filzdecken möglichst luftdicht abgedeckt, um zwei bis drei Stunden lang eine Gärung durchzumachen. Darauf werden sie in zumeist kupfernen, flachen Pfannen, die in gemauerten Herden über einem Holzkohlenfeuer stehen, langsam geröstet — fünfte Einzelbehandlung —, was große Aufmerksamkeit und Geschicklichkeit erfordert, muß doch ein Anbrennen der

Blätter verhütet werden. Jedes dennoch angebrannte Blatt wird sorgfältig entfernt. Sind die Blätter weich und geschmeidig geworden, was nach einigen Minuten der Fall ist, so werden sie auf einen Tisch geworfen und hier zum dritten Male, diesmal stärker, mit den Händen hin und her gerollt, wobei sie die uns bekannte Gestalt annehmen — sechste Einzelbehandlung —. Dann werden die Blätter langsam abgekühlt, in der Regel ein zweites Mal geröstet und zum vierten Male gerollt — siebente und achte Einzelbehandlung —, was deswegen so oft wiederholt wird, damit nach dem letzten Rollen kein Saft mehr in den Blättern verbleibt. Endlich werden die Blätter in offenen Bambuskörben an der Sonne gelüftet — neunter Vorgang — und dann über Holzkohlenglut oder lindem Feuer sorgfältig getrocknet — zehnter Vorgang —. Als elfte Einzelbehandlung kommt die endgültige Abkühlung, die mit den Händen durch leichtes Reiben und Durcheinandermischen gefördert wird, und endlich zum Schlusse als zwölfte Einzelbehandlung das endgültige zweite Trocknen.

Diese recht umständliche Verarbeitung kommt nur bei den besseren, für die Ausfuhr bestimmten Sorten zur Anwendung, gewöhnliche, für den heimischen Verbrauch bestimmte Sorten, werden einfach an der Sonne getrocknet, vielleicht einmal geröstet und des öfteren gerollt. Die verwickelte Bearbeitungsweise ist wohl überhaupt erst aus dem Bedürfnis einer unbedingten Haltbarkeit während des Überseetransportes heraus erwachsen.

Die beschriebenen zwölf ursprünglichen Einzelbehandlungen der Chinesen sind im indischen Kulturkreis auf folgende vier beschränkt worden: Welken, Rollen, Gären und Trocknen.

Zuerst werden in vielen Faktoreien die grünen, eben geernteten Blätter vorsortiert, um dann erst ihren Werdegang durchzumachen.

Durch das Welken sollen die frischen Teeblätter so viel Feuchtigkeit abgeben, daß sie ihre Straffheit und Sprödigkeit einbüßen, damit sie, ohne zu brechen, gerollt werden können. Das Rollen bezweckt ein Zerreißen der Zellwände, wodurch der Sauerstoff Zutritt zum Zellsaft erhält. Das Vergären (Fermentieren) ist in der Hauptsache ein Oxydationsprozeß, bei dem bestimmte Stoffe zerstört oder umgeschichtet werden. Hierbei ändert sich die Farbe der Blätter von Grün in Schwarz, auch tritt jetzt das charakeristische Aroma des Tees hervor. Das Trocknen unterbricht die durch das Gären eingeleiteten chemischen Vorgänge in dem Augenblick, in dem der gewünschte Grad erreicht ist, und macht das Erzeugnis haltbar.

Ursprünglich wurde das Welken auf dem nackten, gut gesäuberten Erdboden in der Sonne vorgenommen, doch hatte dies mehrfache Übelstände, da man z. B. an Regentagen überhaupt nicht welken konnte. Deshalb bedient man sich jetzt besonderer Welkhäuser mit vielen, großen und leicht zu öffnenden Fenstern, damit Licht und Luft ungehindert eindringen können. Die Einzelräume dieser Häuser sind mit raumlangen, durch nur schmale Gänge voneinander getrennten, etwa drei Meter hohen Gestellen angefüllt. Auf ihnen liegen in Abständen von 20 Zentimetern übereinander Holzrahmen einfacher Art, welche mit Jute oder groben Baumwollstoff bespannt sind. Auf diese werden die Teeblätter in einige Zentimeter starken Lagen geschichtet. In moderneren Anlagen verwendet man an Stelle der Stoffe ein feinmaschiges Drahtgitter, das den Luftzutritt auch von unten her ermöglicht, wodurch die Blätter gleichmäßiger welken. Das Welken soll bei einer Temperatur von 25 bis 35 Grad Celsius vor sich gehen, es wird manchmal durch Zuführung von trockener und, wenn nötig, erwärmter Luft beschleunigt. Die Zuführung erfolgt durch Ventilatoren, die gleichzeitig auch die verbrauchte Luft aufsaugen und ausstoßen. Ganz neu und vorerst vereinzelt ist die Verwendung von Welkmaschinen.

Überall aber sind die Hauptmaschinen einer Faktorei vorhanden, die Roller, Rollbrecher und die Trockner. Sie werden je nach Lage und Alter der Faktorei entweder mittels einer Wasserkraft oder durch Motoren (Dieselöl) oder durch eine Dampfmaschine angetrieben. Elektrische Kraft wird seltener verwendet. Eine Faktorei mit einem Ausstoß von 200 000 kg Fertigware im Jahre benötigt ungefähr 50 bis 75 PS.

Wenn nun nach etwa 24 Stunden der richtige Grad des Welkens erreicht ist, werden die Blätter sofort in den Rollmaschinen gerollt, die mit geringen Abweichungen der verschiedenen Typen nach folgenden Grundsätzen gebaut sind: ein weiter, zur Aufnahme der Blätter bestimmter Kasten wird auf einer mit Querleisten versehenen Platte, die zugleich den Kasten unten abschließt, im Kreise herumgedreht. Die Platte kann entweder feststehen oder sich in entgegengesetzter Richtung zum Kasten bewegen. Der Deckel des Kastens wird durch eine besondere Vorrichtung auf den Inhalt, die Teeblätter, gepreßt. Sie werden unter diesem Drucke bei der kreisenden Bewegung des Kastens gleichmäßig gerollt. Anfänglich wird der Saft aus den noch grünen Blättern herausgepreßt, er wird aber bei dem fortgesetzten Rollen wieder aufgesogen. Das Rollen ist beendet, wenn die bei Beginn seifig gewordenen Blätter sich nicht mehr seifig anfühlen, sondern wieder fast trocken werden. Beim Rollen tritt eine gewisse Zersetzung des Gerbstoffes ein, die Blätter beginnen dadurch eine rostbraune Farbe anzunehmen. Durch den Druck beim Rollen und die Umdrehungen erwärmen sich die Blätter, diese Temperatursteigerung darf aber nicht so bedeutend werden, daß der Gärungsvorgang bereits jetzt einsetzt. Wenn das zu befürchten steht, müssen die Teeblätter aus dem Kasten genommen und auseinandergeteilt werden, das Rollen wird erst nach ihrer Abkühlung fortgesetzt. Die beim Rollen abbrechenden Spitzen werden vielfach abgesiebt und für sich allein fertiggemacht, da sie nicht solange gerollt werden müssen wie die größeren Blätter. Diese benötigen im Durchschnitt zwischen 20 und 30 Minuten zum Rollen, ist es beendet, wird der Roller neu beschickt. Die Menge der während dieser Zeit bearbeiteten Blätter hängt von der Größe der Maschine ab. Während kleine Roller 15 bis 20 kg auf einmal verarbeiten, rollen die großen bis zu 130 kg gewelkte Blätter. Bedient werden auch die großen nur von einem Mann. Durch den Teeroller werden die Blätter viel gleichmäßiger und intensiver gerollt als mit der Hand und laufen nicht Gefahr, durch den Schweiß des behandelnden Arbeiters in ihrem Aroma beeinträchtigt zu werden. Haben sich die Blätter im Roller zu mitschleifenden Klumpen geballt, so werden diese herausgenommen und in einer besonderen Maschine, dem Rollbrecher, wieder auseinandergebrochen.

In neuerer Zeit werden vielfach Rollmaschinen verwandt, die nach dem modernen C.T.C.-Verfahren arbeiten (C.T.C. bedeutet: Crushing, Tearing, Curling). Die ersten dieser Maschinen, bei denen der Füllkasten feststeht und der Rolltisch rotiert, wurden um das Jahr 1930 eingeführt, und seither sind solche auf vielen Aufbereitungsanlagen in Gebrauch.

An das Rollen schließt sich unmittelbar das Vergären (Fermentieren) des Tees an. Er liegt bei einer Temperatur von 35 bis 40 Grad Celsius in einem sogenannten Gärungshaus, in das zwar, durch Rolläden verhindert, kein Sonnenlicht, wohl aber durch die Schlitze der Läden dauernd frische Luft eindringt, die durch Ventilatoren durch das ganze Gebäude gelenkt wird. Je nach den Witterungsverhältnissen breitet man den gerollten Tee in Schichten von 10 bis 15 Zentimeter Höhe auf Gestellen, ähnlich denen der Welkhäuser, oder in großen flachen Körben aus, an besonders warmen Tagen wohl auch unmittelbar auf dem Zementboden. Die Blätter werden mit wollenen Decken zugedeckt, die mäßig bis stark angefeuchtet werden, falls die Temperatur des Gärhauses an sich zu hoch ist oder sich der Tee zu erheblich zu erhitzen droht. Steigt nämlich die Temperatur über 45 Grad Celsius, so besteht die Gefahr, daß eine durch Bakterien hervorgerufene Buttersäurebildung auftritt, welche dem Tee einen widerlichen Beigeschmack verleihen würde. Um ein gutes und gleichmäßiges Erzeugnis zu erhalten, müssen die Blätter beim Vergären häufig gewendet werden. Sie machen dabei durch die inneren eintretenden Strukturveränderungen einen Farbwechsel durch und werden gelb bis gelbbraun. Der Vorgang gilt als beendet, wenn sie kupferig geworden sind, d. h. die Farbe einer etwas angelaufenen Kupfermünze angenommen haben.

Je nach den klimatischen und Witterungsverhältnissen dauert die Gärung im heißen Tieflande etwa 1 bis 1½ Stunden, während in Höhenlagen oft 6 bis 8 Stunden kaum dazu ausreichen.

Nun folgt das Trocknen oder Feuern des Tees. Es wird im indischen Kulturkreis ausschließlich durch maschinelle Trockenvorrichtungen vorgenommen, in denen erhitzte Luft über den ausgebreiteten Tee hinstreicht. Diese Maschinen, Trockner genannt, sind so gebaut, daß sie ohne Unterbrechung arbeiten, daß man also an dem einen Ende der Maschine den vergorenen Tee hineinfüllt, auf einem Bande durch den Apparat laufen läßt und ihn am anderen Ende fertig getrocknet herausnimmt. Es gibt verschiedene Konstruktionen, von denen die neuesten vollkommen automatisch, ja mit Selbstbeschickung arbeiten. Die Größe der Maschine ist verschieden, sie umfaßt eine Liefermenge von 30 bis zu 120 kg in der Stunde. Das Haupterfordernis für einen Trockner liegt darin, daß er möglichst rasch und genau die Temperatur des Blattes angibt, um die Gärung plötzlich unterbrechen zu können. Auf die jeweilige Temperatur während des Trocknens wird mit größter Sorgfalt geachtet, da ein zu schnelles Trocknen sich nur auf der Außenseite des Blattes auswirkt und im Innern Feuchtigkeit zurückläßt, die später zur Zersetzung führen kann. Zu langsames Trocknen ergibt andererseits ein Dämpfen, das die Güte des Tees verdirbt. Schon die sehr hohen Temperaturen, mit denen gearbeitet wird, und die etwa 85 bis 125 Grad Celsius betragen, zwingen zur Vorsicht. Durch das Trocknen vollzieht sich wiederum eine äußerlich wahrnehmbare Veränderung, die kupferige Farbe weicht einer schwarzen, woher der Name „schwarzer Tee“ kommt. Diese Farbänderung ist wahrscheinlich auch heute noch nicht wissenschaftlich untersucht worden, wie sich die Fachleute über die chemischen Veränderungen beim Trocknen des Tees überhaupt noch im unklaren sind.

Um 1950 wurden neuartige Maschinen, wie Mischmaschinen, Rollanlagen usw. eingeführt bzw. versucht; die Ergebnisse waren meist zufriedenstellend. Eine Änderung in der Behandlungsweise brachten die Neuerungen aber nicht mit sich, nur eine Einsparung an Arbeitskräften.

Bei den feinsten Sorten ist der schwarze Grundton des Tees häufig mit goldgelben, grauen oder silberfarbigen Teilchen durchsetzt, die man tips nennt. Sie entstehen aus den äußersten Spitzen der Blätter (goldgelb) oder beruhen auf der Behaarung der Unterseite junger Blätter (grau und silbrig). Es gibt auch einzelne Faktoreien, die sich die Herstellung von tips zur alleinigen Aufgabe machen. Dann allerdings werden diese Tees keiner oder nur einer schwachen Vergärung unterworfen. Bei den gewöhnlichen Teesorten sitzen die tips zumeist noch im Schutze des von Natur aus gerollten Spitzenblattes und entgehen dadurch der Einwirkung des Rollens. Sie lösen sich erst im weiteren Verlauf der Bearbeitung aus dem Spitzenblatte heraus. Mit tips durchsetzte Sorten werden im Handel besonders geschätzt und mit hohen Preisen bezahlt. Daß man aus der Menge der tips auf eine gesteigerte Güte des Tees schließt, ist insofern natürlich und auch immer innerhalb gewisser Grenzen richtig, als die tips einen Anhalt dafür geben, daß in der betreffenden Sorte viele Spitzenblätter, die ein zartes Aroma geben, enthalten sind.

Der getrocknete Tee wandert in die Sortierräume, in denen die gröberen Verunreinigungen, wie Steinchen, Holz- und Rindenstückchen, größere Stengel usw. von Frauen ausgelesen werden. Jetzt wird auch zum ersten

Male das Erzeugnis in der Tasse geprobt, um noch etwaige auftretende Behandlungsfehler ausgleichen zu können. Dann wird der Tee auf maschinell bewegte Rüttel- oder Drehsiebe mit Windfegen gebracht, wo er vom Staube, den die bisherige Bearbeitung mit sich brachte, gereinigt wird; dieser Staub wird dann als Staubtee um billiges Geld verkauft. Der gereinigte Tee wird dann mittels Sieben entweder in Handarbeit oder auf maschinelle Weise nach der Größe der Blätter sortiert. In neuerer Zeit hat man begonnen, entweder in der Faktorei oder auch erst in England selbst die aus den größten Blättern bestehenden Siebungen in besonderen Maschinen (teacutters) bewußt zu brechen, da sie als broken tea ausgiebiger und nach Ansicht mancher Fachleute auch stärker im Geschmack werden sollen.

Die einzelnen Siebungen werden auf Aussehen und in Aufgüssen auch auf Geschmack öfter geprüft. Werden die erwünschten Grade nicht erreicht, so geht der Tee zur nochmaligen Behandlung zurück, die darin besteht, daß er noch einmal getrocknet und auch, wenn nötig, gesiebt wird. Hat er dagegen die Probe bestanden, so wird er sofort gepackt, denn er soll, wenn möglich, noch angewärmt in die Versandkisten kommen. Auf jeden Fall muß die Gesamtmenge Tee, die an einem Tage behandelt worden ist, auch noch am selben Tage gepackt und luftdicht verlötet werden. Nur so erhält sich das feine Aroma. Zum schnelleren und gleichmäßigeren Packen wird die Kiste auf eine Rüttelmaschine gestellt, durch das Rütteln füllt sich die Kiste fast ohne Zutun des Arbeiters bis in die äußersten Ecken, der Tee lagert sich gleichmäßig dicht und fest, so daß später während des Versandes keine Hohlräume entstehen, wodurch wieder ein Brechen der einzelnen Blätter vermieden wird.

Die Beurteilung des Tees auf den Faktoreien ist mit die schwierigste Arbeit und setzt neben großer Fachkenntnis einen feinen, hochempfindlichen Gaumen voraus. Wer als tea-taster anerkannt und erprobt ist, hat damit eine feste Lebensstellung erreicht, in der er nichts anderes mehr zu tun hat, als Tee zu proben und einzuschätzen.

Herstellung des grünen Tees

Der grüne Tee wird aus den Blättern des gleichen Strauches, aus denen der schwarze bereitet wird, hergestellt, wenn sich vielleicht auch die einzelnen verschiedenen Pflanzenarten nicht in gleicher Weise dazu eignen. Der Unterschied liegt also im wesentlichen in der Herstellungsweise: der schwarze Tee macht eine Vergärung durch, der grüne nicht. Damit fallen bei ihm alle chemischen Veränderungen weg, die beim schwarzen Tee gerade angestrebt werden. So wird zum Beispiel durch die Vergärung ein Teil des Gerbstoffes durch Oxydation in eine unlösliche Verbindung übergeführt, weshalb der schwarze Tee weniger freie Bitterstoffe enthält als der grüne. Da beim Vergären gleichzeitig ein Teil des Teïns zerstört wird, ist der grüne Tee etwas stärker und gehaltreicher.

In China, das den hauptsächlichsten Bestandteil des im Welthandel vorkommenden grünen Tees lieferte, waren bei seiner Bereitung zwei Verfahren im Gebrauch. Nach dem einen legte man die frischen Blätter auf Hürden aus Bambusstäben, gab mehrere Hürden übereinander in eine Holzkiste mit durchlöchertem Boden und stellte diese Kiste dann über einen Kupferkessel mit kochendem Wasser. Der aufsteigende Wasserdampf bringt das Leben der Blätter zum Ersterben, wobei aber die ursprüngliche grüne Farbe erhalten bleibt. Nach dem anderen Verfahren warf man die frischen Blätter in tiefe, bis zur Rotglut erhitzte Kupferpfannen, in denen sie beständig umgerührt wurden, damit sie nicht anbrannten. Den knisternden Blättern entströmte dabei Dampf, der wegen der Tiefe und ausgebauten Form der Pfanne nicht so schnell entweichen konnte; die Blätter wurden somit in ihrem eigenen Saft gleichmäßig gedämpft, später an der Sonne vollends getrocknet, genau wie die im ersten Verfahren bereiteten. Dann wurden sie gerollt und gefeuert wie bei der Bereitung des schwarzen Tees.

In Japan ist die Herstellung des grünen Tees der chinesischen gleichgestellt. In beiden Ländern werden die sehr großen Mengen für Eigengebrauch auf diese Weise erzeugt.

Im indischen Kulturkreis wird der grüne Tee nicht sehr gepflegt. Er macht zum Beispiel in der Ausfuhr Ceylons nur etwa ein Hundertstel aus. Der größte Teil des in Indien gewonnenen grünen Tees wird dem Verbrauch im Binnenlande zugeführt, reicht aber hier nicht einmal aus, da der Inder ihn, wie fast jeder Teetrinker des fernen Ostens, dem schwarzen Tee vorzieht. Die Einfuhr aus China mußte ergänzend eingreifen. Die Herstellung erfolgt auch im indischen Kulturkreis auf ähnliche Weise wie in China, nur geschieht sie natürlich ebenfalls unter Anwendung von Maschinen, wobei selbstverständlich das Vergären vollständig entfällt. Sonst ist der Werdegang derselbe wie beim schwarzen Tee.

Man wird sich fragen, warum die Chinesen bei der Bereitung des schwarzen wie des grünen Tees sich nicht mit der modernen Bereitungsart durch Maschinen befreundeten, nachdem ihnen doch durch die maschinelle Bereitung im indischen Kulturkreis der früher überragende Einfluß auf dem Weltmarkt genommen wurde, so daß sie heute mit ihren Erzeugnissen überhaupt nicht mehr oder nur selten konkurrieren können. Es liegt dies in dem konservativen Charakter des chinesischen Volkes, das trotz Erkenntnis der damit verbundenen Mängel sich nicht entschließen kann, an Neuerungen heranzugehen, die von der alten, von den Vätern überbrachten Herstellungsweise abweicht. Unterstützt wurden sie in dieser Anschauung durch ein feines Verständnis für Tee, das ihnen angeboren ist und das sie ermöglichte, die zarten Sorten, zum Beispiel aus dem Kimen-Distrikt, dem Weltmarkt anzudienen.

Der Versuch, auch in China Tee auf maschinelle Weise herzustellen, ist unter anderem vor allem daran gescheitert, daß sich die Fabrik (Faktorei) nicht auf eigene, ausgedehnte Pflanzungen stützen konnte, sondern gezwungen war, von den einzelnen Bauern die recht verschiedenen Ernteergebnisse aufzukaufen und zu verarbeiten. Dabei vertraten die Bauern auch die Meinung, daß die Faktorei, da sie nun schon einmal auf sie angewiesen wäre, alle angebotene Ware zu jedem Preis kaufen müßte, und verhinderten so mit ihren Forderungen und schlechten Lieferungen jeglichen notwendigen Gewinn. Erheblich erschwert wurde der Fabrikbetrieb auch dadurch, daß in China nur in der Zeit von April bis August geerntet werden kann, also die Faktorei den größeren Teil des Jahres hindurch kein Rohmaterial zur Verarbeitung hatte, während im indischen Kulturkreis die Ernte fast ununterbrochen das ganze Jahr hindurch andauert und nur vom Monsun, in Nordindien etwa zwei bis drei Monate, unmöglich gemacht wird.

HANDELSSORTEN

China

Der Tee, der in China zwischen dem 23. und 35. nördlichen Breitengrad angepflanzt wird, spielt in der Gesamtausfuhr des Landes heute nur mehr eine ganz untergeordnete Rolle, während er früher den Hauptanteil daran hatte. So betrug im Jahre 1820 der Wert des Tees 75 vom Hundert des Wertes der Gesamtausfuhr, 1886 43 vom Hundert und 1952 2 vom Hundert. Auch in der Versorgung der Welt mit Tee hat China seinen früheren beherrschenden Standpunkt vollkommen eingebüßt, sein Anteil daran war 1923 nur mehr 14 vom Hundert. Heute kommt durch den eisernen Vorhang selbst nur mehr ein verschwindender Bruchteil der Ausfuhrmenge von 1923 in Betracht. Wenn im Nachstehenden trotzdem China an die Spitze der Betrachtung der Handelssorten gestellt wird, so deshalb, weil es als das klassische Land des Tees ein gewisses Anrecht, historisch begründet, darauf hat, und auch deswegen, weil auch die Volksrepublik China alles daransetzen muß, selbst unter Einführung moderner Arbeitsweisen ihrer Teeausfuhr wieder auf die Beine zu helfen. Auch ist der Eigenverbrauch an Tee in China der größte der Welt, wenn er auch bei den ganz ungenauen Zahlenangaben nur geschätzt werden kann. Die andauernden Bürgerkriege, die kommunistische Umwälzung, die veralterten Kulturmethoden, die ungleichmäßige Arbeit der Bauern, denen kein Kapital zur Verfügung steht, um ein schlechtes Erntejahr zu überbrücken, das vollkommene Fehlen jeglicher Kenntnis, die Güte des Tees in schwachen Jahren zu heben, die Uneinigkeit der Hongs, die fürchterlichen Steuer- und Zolllasten und nicht zuletzt der überwältigende Wettbewerb des indischen Kulturkreises sind die Gründe für den Rückgang im Anbau des Tees und seiner Herstellung.

Die teeanbauenden Provinzen des chinesischen Reiches waren folgende 16: Kwan-tung, Kwang-si, Fu-kien, Kiang-si, Hu-nan, Kwei-tschan, Tsche-kiang, An-hwei, Hu-peh, Se-tschwan, Kiang-su, Ho-nan, Schen-si, Schan-tung und endlich Kan-su. Die vier nördlichen Provinzen Schan-tung, Ho-nan, Schen-si und Kan-su brachten nur geringe Mengen minderwertiger Tees hervor, die im Lande selbst verbraucht wurden; sie kamen für den Welthandel nicht in Frage, der seine Ware aus den übrigen zwölf mittleren und südlichen Provinzen holte, von denen wieder die fünf am Yang-tse-ki-ang gelegenen, nämlich Hu-peh, Hu-nan, Kiang-si, Tsche-kiang und An-hwei sowie weiterhin das südliche Fu-kien die bedeutendsten waren, während Kwan-tung, das früher einmal fast allein die Ausfuhr, damals nur über Kan-ton, bestritt, fast ganz zurücktrat.

Hu-peh mit Han-kau als Haupthandelsplatz lieferte vorzüglichen schwarzen Tee. Han-kau war lange Zeit der Hauptplatz für Tee auf der Welt. Hu-nan, das schon 1842 über Kan-ton kleine Mengen ausführte, handelte in seinem Hauptplatze Tschang-scha ebenfalls hauptsächlich schwarzen Tee, daneben auch etwas grünen und Ulongs. Kiang-si, wohl die reichste Teeprovinz mit dem Hauptmarkte Kiu-kiang, schloß sich dem Welthandel 1864 an und lieferte schwarzen und grünen Tee, von denen die schwarzen Sorten aus Ning-tschau und Mo-ning besonders bekannt waren, es wurde von der Krise 1918 besonders stark betroffen. Tsche-kiang mit den Märkten Ning-po und Hang-tschau liefert über letzteres den schwarzen Fy-tschau-Tee, sonst überwiegend grünen. Einst wurde in der Umgebung der Stadt der beste Tee Chinas gepflanzt, aber im Tai-ping-Aufstand 1851 bis 1864 wurden die Gärten zerstört und nie mehr wieder angelegt. Kwang-tung mit dem Hafen Kan-ton hatte keine hochwertigen und zahlreichen Tees mehr für die Ausfuhr, die wenigen waren meist Pekoes. Aus An-hwei stammten dagegen die feinsten Tees Chinas, die aus dem berühmten Kimen-Distrikt kamen, hier wurde schwarzer und grüner Tee erzeugt. Seit Eröffnung der Schanghai-Nankin-Bahn wurde Wu-hu am am Yang-tse-ki-ang der Hauptausfuhrhafen, besonders für grünen Tee, während der schwarze meist noch über Han-kau geliefert wurde. Se-tschwan sowie die Provinz Yün-nan lieferten meist nur minderwertigen Ziegeltee, sonst kamen von hier auch noch die schwarzen I-tschang-Tees auf den Markt von Han-kau, die schon im März gepflückt wurden. Fu-kien endlich mit dem Haupthafen Fu-tschau und den Nebenplätzen A-moy und Swan-tau lieferte vorzüglichen schwarzen Tee (Kongo) in alle Welt. Als Hauptausfuhrhafen, der aber nicht im Anbaugebiet selbst lag, galt Schang-hai sowohl für schwarzen wie auch grünen Tee. Im innerasiatischen Verkehr spielte auch Ti-ent-sing eine große Rolle.

Trotz des riesigen Rückgangs seiner Teekultur war China auch zu späterer Zeit noch tonangebend auf dem Weltmarkte, was grünen Tee (chinesisch lü-tscha oder lo-tscha) anbelangte. Dieser kam zwar nach Europa nur mehr in geringen Mengen — man verwendete ihn hier gern bei der Zubereitung von Punsch —, dagegen war er aber noch sehr bedeutend als Ausfuhrartikel besonders nach Marokko und damit auch nach Innerafrika, nach Persien und Turkistan in die Mongolei und nach Tibet. Auffallend an ihm ist seine grüne Farbe, die durch ihren starken Glanz hier und da europäische Reisende zum Glauben verführt hat, eine gefärbte Verfälschung zu sehen, selbst da, wo die Farbe nachgewiesenermaßen naturecht war.

Der grüne Tee stammte aus den bäuerlichen Pflanzungen der Provinzen Hunan, Kiangsi und hauptsächlich Tschekiang, das auch die feinsten Sorten lieferte. Er kam in zwei Formen in den Handel, nämlich als Blättertee und als Ziegeltee. Die Sorten des Blättertees heißen gunpowder, imperial, hyson, younghyson, tschau-mi, fung-ni, sau-mi, twan-kai und ping-sui; die einzelnen Sorten umfassen ebenfalls ganz verschiedene Gütegrade, und zwar nach den verschiedenen Provinzen und Bereitungsarten.

Während mancher der für die Ausfuhr bestimmten schwarzen Tees durch einen, später wieder abgesiebten Zusatz von stark duftenden Blüten parfümiert wurde, kam dies beim grünen Tee nur äußerst selten vor und auch nur bei solchen Mengen, die im Lande blieben und da für den Gebrauch der Großen des Landes bestimmt waren. In diesem Falle wurden die dazu verwendeten Blüten auf den Boden der zu füllenden Umhüllung (Kiste oder Korb) geschüttet, mit feinstem Reispapier zugedeckt und auf dieser sogenannten Matratze der Tee zum Durchduften gebettet.

Alle grünen Tees haben einen sehr hellen und klaren Aufguß gemeinsam, dessen Farbe vom hellsten, fast grünlichen Strohgelb bis zum rötlichen Sattgelb der Kapuzinerkresse schwankt.

In Europa hat der grüne Tee, der auch hier noch vor wenigen Jahrzehnten die Hauptrolle im Teehandel spielte, fast allen Boden verloren. Es liegt wohl daran, daß sein schwarzer Bruder den Einflüssen des damals noch mit Segelschiffen vorgenommenen Versandes gegenüber nicht so empfindlich war und auch infolge des geringeren Teeïngehaltes leichter bekömmlich ist; im übrigen mag es eine ausgesprochene Mode sein, schwarzen Tee zu trinken. Leider geht aber dadurch für viele Kenner ein wundervoll schmeckendes, duftiges und stark anregendes Getränk verloren, das auch heute noch viele Liebhaber finden würde. Auch ist der grüne Tee ein noch immer nicht genügend anerkanntes Heilmittel bei Darmkatarrhen, bei denen sein hoher Tanningehalt heilend einwirkt. Von Interesse ist, daß in Deutschland noch bis zum Jahre 1905 Hamburger Teemischungen aus schwarzem und grünem Tee guten Absatz fanden, die aber seither vollkommen vom Markte verschwunden sind. Die Mode des Geschmacks hat sich eben verschoben und ganz dem schwarzen Tee sich zugewandt.

Auch der schwarze Tee Chinas, den der Eingeborene ursprünglich hung-tscha, d. i. roter Tee, nannte und für den erst in späterer Zeit das Wortzeichen mao-tscha, d. i. schwarzer Tee, aufkam, wird in zwei Hauptsorten eingeteilt. Ihr Unterschied war nach dem Alter der gepflückten Blätter, der Zeit ihrer Ernte und der Art ihrer Behandlung sehr groß. Sie führten die Namen kongo und sutschong; diese Bezeichnungen waren aber in ihrer Bedeutung als Gütegrade von stark wechselnder Eigenschaft, gab es doch unter jedem der beiden Gattungsnamen gewöhnliche bis feinste Tees. Auf den im Lande selbst von den einfacheren Leuten getrunkenen Tee — das arme Volk trinkt nur warmes Wasser — wurde wenig Arbeit und Mühe verwendet, er durfte ja nicht viel kosten und brauchte nicht lange zu halten. Die Ausfuhrwaren wurde besser und nachhaltiger zubereitet, aber auch hier machten die erheblichen Unterschiede einer Sorte einem Einkäufer sein Amt besonders schwer, und der Preis schwankte oft um ein Vielfaches.

Neben schwarzem und grünem Tee wurden in China noch Ziegeltee, Tafeltee und Staubtee angefertigt. Von den ersten beiden wurden nur noch in Japan geringe Mengen hergestellt, als dort nach 1905 begonnen wurde, für Korea und die Insel Sachalin Ziegeltee zu erzeugen.

Staubtees waren nicht nur die Überbleibsel bei der Verarbeitung der Blatt-Tees, manchmal wurden auch Blatt-Tees zu Staubtee vermahlen, um entweder zu Ziegel- und Tafeltee verwendet oder auch ungepreßt ausgeführt zu werden, und zwar als billigste Konsumware nach England, Australien und Neuseeland.

Vom Ziegeltee, chinesisch dschuan-tscha, gab es eine grüne und eine schwarze Sorte. Beim grünen wurden nur die kleinsten Teeblätter ohne Beimischung von Teestaub verwendet, er war daher teuerer als der schwarze, trotzdem aber weniger geschätzt. Der schwarze Ziegeltee enthielt bei besserer Abart entweder reinen, gesiebten und dann gemahlenen Blättertee dritter oder vierter Pflückung, daneben auch die Reste besserer Teesorten aus der letzten nicht verkauften Ernte, oder reinen chinesischen Staubtee ohne jede Verunreinigung, oder endlich eine Mischung von chinesischem Staubtee mit dust aus Ceylon. Bei chinesischen Firmen ging es mit dem Aussieben manchmal nicht so genau, gar mancher Stengel blieb in der Mischung, wenn diese, wie es hier und da vorkam, nicht überhaupt durch Zusätze von Sägemehl und Ruß dann oft recht ergiebig gestreckt wurde. Daß eine solche Verfälschung dann nur mehr $^1/_6$ der Stärke eines mittleren Blatt-Tees hat, liegt auf der Hand. Da fast jede Fabrik ihre geheimgehaltene Zusammensetzung besaß, gab es viele Abarten.

Der Ziegeltee wird schon zu Zeiten der Sung-Dynastie erwähnt, als die teebauenden Provinzen dem Kaiser als Zeichen ihrer Botmäßigkeit und als Tribut goldene Schachteln, gefüllt mit Ziegeltee, sandten. Ob damals schon Tibet und die Mongolei von China mit Ziegeltee beliefert wurden, läßt sich nicht mehr feststellen; sicher ist dies aber in den letzten Jahrzehnten des 16. Jahrhunderts geschehen. Auch Rußland bezog schon früh Ziegeltee aus China, wie dies für 1680 belegt wird. Um 1850 setzten sich die Russen in Futschau, das den Europäern als Vertragshafen kurz vorher geöffnet worden war, fest und errichteten hier Ziegelteefabriken, ausgerüstet mit den damals modernsten Maschinen. 1880 wurden nicht weniger als 62 000 to erzeugt. Von 1891 an wanderten die russischen Firmen nach Hankau aus, wo sie modernisierte Fabriken einrichteten und zur neuen Blüte brachten. Mit dem hier erzeugten Ziegeltee, der in den Jahren 1910 bis 1914 $^9/_{10}$ der Gesamterzeugung ausmachte, konnte sich der aus chinesischen Betrieben stammende Ziegeltee aus Yünnan und Setschwan nicht vergleichen, der von rötlicher Farbe war, in Handarbeit nachlässig gepreßt wurde und deswegen oft mit Reiswasser gebunden werden mußte. Diese Ware wurde meist von Kaufleuten aus Schansi verfertigt, die keine festen Fabriken besaßen, sondern jedes Jahr zur Ernte nach Hupeh kamen, behelfsmäßige Arbeitsstellen einrichteten, in denen sie Tausende von Bauern beschäftigten. Hydraulische Pressen waren unbekannt, auch viel zu teuer, der Tee wurde mit Körperkraft in Holzformen gepreßt. Die Auswirkung der Revolution in Rußland und deren Folgeerscheinungen ließen die Ausfuhr von Ziegeltee ganz einschneidend zurückgehen. Schon dadurch, daß die russische Armee 1914 bis 1917 nur Blatt-Tee verwandte, wurde die frühere Vormachtstellung des Ziegeltees beim russischen, besonders sibirischen Bauern erschüttert.

Feiner und sorgfältiger als der Ziegeltee war der Tafeltee zubereitet, der ohne jeden Zusatz minderwertiger Abfälle aus guten Blatt-Tees hergestellt wurde, und zwar ausschließlich in russischen Fabriken. Die gemahlenen, meist rein chinesischen Tees wurden nach ihrer Mischung nicht erhitzt, sondern auf kaltem Wege mittels besonders starker hydraulischer Pressen zusammengedrückt, wobei der Tee in flachen, etwa 45 zu 30 cm großen, 2 bis 5 cm tiefen Formen aus Stahl lag, in denen er unter dem erheblichen Drucke durch die ihm selbst innewohnende Feuchtigkeit gebunden wurde. Die so gewonnenen Platten sind so hart, daß sie nur unter Anwendung von erheblicher Kraft, durch Hammerschlag, gebrochen werden können. Als Anreiz zum Kauf und zugleich als Fabrikmarke wurden in Relief-Form oft wirklich schöne Zeichnungen eingepreßt. Nach dem Pressen ließ man durch Öffnen der Scharniere der Form die fertige Tafel herausfallen und wickelte sie dann in Reispapier.

Japan

Die Art der japanischen Zubereitung des Teeblattes hat eigene Bahnen beschritten, alle japanischen Tees sind unfermentiert, d. h. unvergoren; trotzdem kann man aber die Tees Japans nicht als grüne ansprechen, sie sind ihrem Äußeren nach ein Mittelding zwischen grünen und schwarzen Tees, mehr zu den ersteren hinneigend. In Nordamerika werden sie treffend als „Weißwein des Tees“ bezeichnet, im Gegensatz zum „Rotwein“ des schwarzen Tees.

Sofort nach dem Pflücken werden die Blätter entweder im Hause des Grundbesitzers oder in der Faktorei der Pflanzung gedämpft, indem man sie in Bambuskörben oder in Sieben, die aus Messingdraht geflochten und mit einem starken Holzrand versehen sind, auf einen meist eisernen Kessel mit dampfendem Wasser setzt. Dieser Vorgang dauert nur $1/2$ bis $1^1/2$ Minuten, dann werden die weichgewordenen Blätter zum Abkühlen auf Matten oder in flachen, weiten Bambuskörben ausgebreitet; in größeren Betrieben liegen sie auch auf Papier, das in einfache Holzrahmen eingespannt

Tee-Rollmaschine in Tätigkeit

Fermentationsraum (Ceylon)

Moderne Heißluft-Trockenanlage

Sortiermaschine mit verschiedenen Siebgrößen

ist. Dabei werden die Blätter dauernd mit den Händen gerollt und damit das Abkühlen beschleunigt.

Nun folgt das Rösten, von dem man drei Arten unterscheiden kann. Die erste heißt Korbröstung, weswegen die solchermaßen behandelten Tees in Amerika unter der Bezeichnung „basket fired" gehandelt worden sind. Dieses Verfahren, zumeist von den bäuerlichen Pflanzern geübt, besteht darin, daß in einen besonders gebauten Korb, je nach seiner Größe, 2 bis 5 kg Teeblätter geschüttet werden. Dieser Korb hat die Form zweier an den Spitzenflächen zusammengewachsener Kegelstümpfe und ist am ehesten einer Sanduhr zu vergleichen. An der Nahtstelle sitzt ein Sieb aus Draht oder Bambusstreifen, das die Teeblätter in der oberen Hälfte des Korbes hält. Die untere leere Hälfte wird nun über ein kleines Becken mit Holzkohlengut gestellt und der Tee so geröstet. Der Röstvorgang wird zwei- oder dreimal unterbrochen, indem der Korb vom Feuer gehoben wird, der heiße Tee wird dabei umgewendet, damit er sich gleichmäßig erhitzt.

Auf größeren Pflanzungen wird die zweite Art des Röstens in Anwendung gebracht; es werden auch hier etwa 2 bis 5 kg Tee gleich nach dem Abkühlen in feines Reispapier eingewickelt, in dünnwandige Pfannen aus Eisenblech gelegt und dort sorgsam etwa eine Stunde lang, gleichfalls mit Unterbrechungen, geröstet. Durch ständiges Schütteln der Pfannen, die dem damit bereiteten Tee in Amerika zur Bezeichnung „pan fired" verhalfen, wird das Anbrennen des Papieres vermieden. Der ganze Vorgang spielt sich in der Nähe des Ernteplatzes ab. Hierauf wird der nur vor-, nicht durchgeröstete Tee in die Faktorei gebracht, wo er erneut, diesmal aber ohne Papierumkleidung und in größeren Mengen von 10 bis 15 kg, in Pfannen unter ständigem Umrühren über Holzkohlenglut fertig geröstet wird. Auch diesmal beansprucht die Arbeit etwa eine Stunde.

Die dritte Röstart ist der vorstehend geschilderten ähnlich, vollzieht sich aber nicht so sorgsam. In Kisten aus Hartholz, die rund 2 bis 5 kg grüne Teeblätter fassen, wird der Tee über Holzkohlenfeuer geröstet, auch wieder zwei- bis dreimal unterbrochen. Dieser Art bearbeitete Tees werden in Amerika „porcelain fired" genannt, was vermuten läßt, daß in früheren Zeiten die Holzkiste durch ein Porzellangefäß ersetzt war.

Nach dem Rösten wird der Tee abgekühlt, beschleunigt durch Umleeren von einem Korb in den anderen und durch Sieben, wobei gleichzeitig Bruch und Staub gesondert wird, dann wird er, falls er zur Ausfuhr bestimmt ist, in Kisten verpackt, deren Äußeres und Ausmaß dem chinesischen ähneln.

Der Japaner trinkt den Tee ohne Zusatz von Zucker usw., der Verbrauch von Tee ist groß, manches Erzeugnis, wie das Hatschiogi genannte, wird fast vollständig im Lande selbst verbraucht. Die Ausfuhr ging über Hawaii als großem Umschlageplatz nach den United States, das 1931/32 nicht weniger als $^5/_8$ der japanischen Tee-Ernte erhielt. Im scharfen Wettstreit mit dem indischen Tee, dessen Fachverbände eine gewichtige Reklame machten, verlor aber der japanische Tee auch in Nordamerika schon vor dem Kriege stets an Boden. Der Grund hierzu lag neben politischen Strömungen in der streng konservativen Lebensauffassung des japanischen Bauern, der wie der chinesische vom Werte seiner Handarbeit übermäßig überzeugt war. Auch die erhebliche staatliche Propaganda, die in den Jahren vor dem Kriege den Tee in reichlichem Maße unterstützte, sowie die klingenden Namen der Erzeugnisse — so heißt ein Tee monikiri, d. h. hübscher Finger, er entstammt der Provinz Enschiu — halfen nicht mehr. Japan versuchte deswegen, sich neue Märkte zu erobern; so wurden neben der stark botmäßigen Mandschurei Länder wie Marokko, Afghanistan und Persien stark propagandistisch bearbeitet, der Erfolg blieb aber weit hinter den hochgespannten Erwartungen zurück, denn auch in diesen Ländern behielt der chinesische Tee wegen seines zusagenderen Geschmacks seinen alten Vorrang. In Europa kam der japanische Tee nur in ganz seltenen Fällen, und zwar für Frankreich, in den Handel; unserem deutschen Geschmack entspricht er durchaus nicht, selbst in seinen feinsten Sorten.

Gehandelt wird der Tee Japans entweder nach den alten Sortenbezeichnungen, die der Güte nach absteigend folgende sind: hi-ki-tcha, gji-ku-ro, sen-tscha und ban-tscha, oder nach der Gegend des Anbaus. Hierin ist der wichtigste und größte Bezirk die Gegend Schizuoka am Südhange des heiligen Berges Fudschi-yama mit einer Anbaufläche von rund 15 000 ha. Es folgen an Bedeutung die Präfekturen Midsche am Golfe von Atsuda, Ibaraki nordöstwärts von Tokio und endlich Kioto. Alle liegen auf der Insel Honschu. Es folgen Kumanoto und Fukuoka auf der Insel Kinschu. Aber auch in den Provinzen Yasamiro, Ine Enschiu und Nara liegen Teegärten; eine besonders feine Sorte Tee stammt aus Kawani. Die Hauptausfuhrhäfen waren Kobe, Nagasaki und Yokohama.

Formosa

Die Tees Formosas haben mit den chinesischen Ulongs nur den Namen gemeinsam. In Nordamerika, wohin die Ausfuhr überwiegend geht, werden sie als „Champagner des Tees" bezeichnet; sie sind nur halb vergoren, haben zwar die Eigenschaften des schwarzen Tees aus China, sind aber dem Geschmack und auch dem Aussehen nach dem grünen Tee dieses Landes sehr viel ähnlicher. Man könnte fast an eine Mischung der beiden Arten denken. Der Geschmack ist ausgezeichnet, das Aroma ist wohl das intensivste aller Teearten, trotzdem ist es nicht künstlich erzeugt durch Beimischung von fremden Bestandteilen, sondern vollkommen natürlich. Ein Drittel der Ernte stellen die pu-tschong genannten Tees dar, die für den chinesischen Verbrauch in China, auf den Philippinen und auf Insulinde bestimmt sind und die stark parfümiert verwendet werden. Die Güte beider Hauptsorten von Formosatee hat in den Jahren 1913 bis 1924 nicht unerheblich nachgelassen, weil die damals erfolgte Umstellung vom rein kleinbäuerlichen Betrieb auf den fabrikmäßigen Großbetrieb Schwierigkeiten bereitete; heute haben sie wieder ihre alte Höhe erreicht.

Gepflückt wird der Formosatee fast ausschließlich bei kühlem Wetter, und zwar fünfmal im Jahre. Eine Ernte findet im Frühjahr, zwei im Sommer, eine im Herbst — sie ergibt die gesuchten autumnal teas — und eine im Winter statt.

Im 19. Jahrhundert ging die Ausfuhr restlos über den Hafen Amoy an der gegenüberliegenden Küste Chinas, heute werden die Tees über die beiden formosischen Hafenstädte Ki-lang und besonders Tam-sui dem Welthandel zugeführt.

Indischer Kulturkreis

Unter indischem Kulturkreis versteht dies Buch die auf Grund von Wissenschaft und allen maschinellen Neuerungen sich ergebende Anbauart und die maschinelle Zubereitung des Tees nach europäischen Grundsätzen, gleichgültig, ob der Anbau in Vorderindien selbst, auf Ceylon, Java oder Sumatra, in Afrika oder sonstwo auf der Welt unter westlichem Einfluß erfolgt — das heißt überall dort, wo der Geist der weißen Rasse die Erzeugung beherrscht oder beherrschte, nach seinen Gedankengängen betreibt und als Industrie ausgebaut hat. Das Hauptmerkmal dafür ist neben dem Maschinenbetrieb die Plantagen-(Großgarten-)Wirtschaft, die ins Große, auf die ganze Welt Übergreifende zielt und die allein den ungeahnten Aufschwung der letzten 50 Jahre ermöglichte.

Auf den indischen Kulturkreis allein baut sich heute die Weltversorgung in Tee auf, da China durch Krieg, Bürgerkrieg und Revolution einerseits, durch ungünstige und unrentable Ernte- und Herstellungsverhältnisse andererseits den Wettbewerb nicht durchzuhalten vermochte. Während bis ins Jahr 1870 die Welt durch China — die United States auch durch Japan — versorgt wurde, ist der chinesische Tee heute vom Weltmarkt fast restlos verschwunden. Es liegt dies auch in einem Abwandern des Geschmackes, wie es sich besonders bei uns Deutschen zeigt, vom einfacheren, leichten und duftigen Tee Chinas zum würzigeren, aromatischeren, wenn man sich so ausdrücken will, auch gröberen Tee des indischen Kulturkreises, der heute den Ansprüchen des Verbrauchers eben mehr entspricht.

Gegenüber dem chinesischen Tee zeichnet sich der Tee des indischen Kulturkreises durch eine weitüberlegene Gleichmäßigkeit in Blatt und Geschmack aus, sowie durch eine größere Sorgfalt in der Aufbereitung und Verpackung, wie dies der Maschinenbetrieb eben mit sich bringt.

Allerdings ist der indische Kulturkreis durch die klimatischen Verhältnisse begünstigt, so daß die Güte der Blätter schon hinsichtlich der einzelnen Pflückungen viel gleichmäßiger ausfällt. Die Sorten sind durchgehend durch ein ausgeprägtes Aroma ausgezeichnet, ihr Geschmack im

Aufguß ist kräftig, dagegen fehlt ihnen die zarte Milde des chinesischen Tees, mit dem sie, fachmännisch vermischt, großartige Getränke ergeben.

Während die vorher erwähnten Einzelbezeichnungen der chinesischen Tees mit den Anbau- bzw. Lieferprovinzen zusammenhängen, treten im indischen Kulturkreis nur reine Blattbezeichnungen auf, sie sind also alle zusammen an ein und demselben Strauche anwendbar. Dieser Unterschied ist bei uns in Deutschland viel zuwenig bekannt, was zu manchen Verwechslungen führen kann.

Es gibt folgende Blattsorten, in deren Bezeichnung allerdings eine große Willkür herrscht, denn nach der Lage am Weltmarkt sucht jede Faktorei der gerade bestehenden Nachfrage nach einem besonderen Blatt nach Möglichkeit gerecht zu werden:

Kongo und Bohi (englisch bohea), womit die älteren, groben Blätter gemeint sind. Bohi soll seinen Namen von einer Bergkette Bu-i in Fukien, an deren Abhängen Tee gedeiht, haben. Es ist auffallend, daß die Bezeichnung eines Anbauvorkommens in China für die einer Blattart in Indien genommen wurde. Während schon um die Jahrhundertwende die Herstellung von Kongo überhaupt aufgegeben wurde, da diese Sorte wegen ihrer Minderwertigkeit nicht den Ansprüchen des Handels entsprach, kommt Bohi als etwas bessere Sorte noch hier und da vor, einige wenige Javagärten bringen unter Bohi einen ganz gewöhnlichen Blatt-Tee oder einen ebensolchen Grus-Tee aus Eingeborenenpflanzungen in kleinsten Mengen auf den Markt.

Souchong (englisch) oder Sutschong (holländisch), ebenfalls sehr große, aber doch weichere Blätter, heute die gröbste im Handel befindliche Ware.

Pekoe Souchong oder Pecco Sutschong sind die großen, sechsten bis dritten Blätter.

Orange Pekoe oder Oranje Pecco sind die zarten zweiten und ersten Blätter, zart, oft hübsch gedreht, zuweilen mit weißlichen oder goldgelben Spitzen, die den Fachausdruck tips tragen.

Flowery Orange Pekoe, das zarteste Spitzenblatt jedes Teeschusses, das gleich nach dem Sprossen einen flaumartigen Belag hat, ist eigentlich eine Phantasiebezeichnung, die nur benützt wird, um einen Orange Pekoe als besonders fein oder „tippy“ hervorzuheben.

Weitere Blattsorten, die der maschinellen Bearbeitung des Tees ihre Entstehung verdanken, sind:

Broken Pekoe oder Gebroken Pecco, ein oft recht grober Bruchtee,
Broken Orange Pekoe oder Gebroken Oranje Pecco, ein feinerer und durchweg mit tips durchsetzter Bruchtee, und
Dust und Fannings, beides ganz feinkörnige Grus- oder Staubtees.

Die Pflanzungen stellen fast jede der genannten Sorten her, da sie, wie gesagt, an jedem Strauch vorkommen können.

Die gesamte Blatterzeugung einer Ernte eines Teegartens wird nach dem Welken, während einer Unterbrechung des ersten Rollens oder auch spätestens gleich nach dem Rollen gesiebt und das feinere und gröbere Material getrennt weiter bearbeitet. Das feinere Material enthält im wesentlichen die Spitzenblätter und die kleinen Blattspitzen selbst, also die Auslese der Ernte. Aus ihr wird im weiteren Verlauf der Zubereitung Orange Pekoe und Broken Orange Pekoe gewonnen, indem man ganze Blätter und Bruch trennt und dann aus beiden Dust und Fannings aussiebt. Das gröbere Material wird in Souchong, Pekoe Souchong, Pekoe und Broken Pekoe auseinander geschieden und dann auch hier Dust und Fannings abgesiebt.

Da die sich ergebende Menge Broken oft zu gering gegenüber der Nachfrage am Markte ist, die Menge Blatt aber dagegen zu groß ist, werden neben den gröberen Sorten auch Orange Pekoe und Pekoe durch Schneidemaschinen, sogenannte tea-cutters, in Broken Orange Pekoe bzw. Broken Pekoe umgewandelt, um der Nachfrage besser gerecht werden zu können.

Die Preisbewertung ist in aufsteigender Reihenfolge:

1. Dust 1—2% der Ernte
2. Fannings 2—3%
3. Souchong 1—2%
4. Pekoe Souchong 2—3%
5. Broken Pekoe 3%
6. Pekoe 25—35%
7. Broken Orange Pekoe 1—2%
8. Orange Pekoe 55—70%
9. Flowery Orange Pekoe 4—6%

Die Sorten sind also um so feiner und teuerer, je jünger die Blätter sind, die zu ihrer Herstellung dienen. Es gilt dies aber nur, wenn die vorgenannten Teesorten zumindest aus ein und demselben Garten stammen, sonst ist allerdings Pekoe mancher Gärten, besonders bei Unterschied in den Höhenlagen, teuerer als Orange Pekoe anderer Pflanzungen. Was den Preis auf dem Weltmarkt anbetrifft, so ist für jeden Tee, gleichviel ob er aus China, Indien oder sonstwoher stammt, in erster Linie der Geschmack und erst in zweiter Linie das Aussehen des Blattes ausschlaggebend.

Der Tee der einzelnen indischen Distrikte weist große Unterschiede auf. Der erste liegt in Südindien, und zwar in den Provinzen Travankur und Nilgiris, seine Tees besitzen den Charakter des Ceylontees, mit dem sie eng verwandt sind. Der zweite liegt in Nordindien an den Südausläufern des Himalayagebirges und ostwärts der Gangesmündung, die Bezirke heißen Kangra, Dehra-dun, Kumaon, Dooars, Sylhet, Cachar und Chittagong, dazu kommt das hochgelegene Darjeeling. Das für sich eigene, abgeschlossene und größte Teegebiet Indiens ist Assam an den Ufern des Brahmaputraflusses, seine Erzeugung an Tee wird größtenteils nach England ausgeführt.

Während die heutige Assampflanze, abgesehen von nur wenig einschneidenden Veränderungen der Kultur, eigentlich immer noch die wenig verschnittene Wildart ist, sind die Tees von Darjeeling oft aus eingeführtem Chinasamen gezogen und überwiegend Hybriden von solchen mit Assampflanzen. Bedingt durch besondere Boden- und Klimaverhältnisse, zu denen noch die Höhenlage — bis zu 2000 Meter über dem Meere — kommt, haben sich hier besonders feine Gütegrade entwickelt, die wegen ihres Aromas zu den bestgeschätzten Tees der Welt zählen. Die Tees von Cachar und Sylhet zeigen nur mittelfeine Sorten, dagegen umfassen die übrigen genannten Bezirke einfache bis sehr feine Sorten.

Der erst in neuerer Zeit größere Bedeutung gewinnende Teeverbrauch in Indien selbst richtet seine Nachfrage hauptsächlich nach billigen Sorten (Dust, Fannings) ohne Rücksicht auf die Herkunft. Indochina als benachbartes Gebiet erzeugt selbst seinen Tee, der aber sehr minderwertig ist und nur in den französischen Kolonien und dem Mutterlande Frankreich selbst, infolge eines gesetzlichen Zollschutzes, gewissen Anklang findet.

Die Handelssorten von Java und Sumatra werden seit dem ersten Weltkriege mit den indischen Bezeichnungen, auf Holländisch geschrieben (s. o.!), gehandelt. Die Hauptanbaubezirke sind die Preanger Regentschaften, zu denen die Provinzen Batavia, Bagelen und Bantam kommen. Auf Sumatra findet die Kultur zumeist an den Südost-Abhängen der Inselgebirge statt. Welche Entwicklung der Teeanbau auf Insulinde unter der neuen indonesischen Regierung nehmen wird, ist noch unklarer als die Entwicklung in Indien unter den beiden indischen Staaten. Vom ganzen indischen Kulturkreis kann aber behauptet werden, daß er den Teeanbau im Laufe der letzten 40 Jahre sehr gefördert und seit 1920 nur einwandfreie Tees auf den Weltmarkt gebracht hat.

HANDELSGEPFLOGENHEITEN UND HANDELSWEGE

China

Im Nachstehenden werden aus historischen Gründen die Verpackungen des chinesischen Tees geschildert, wie sie bis 1939 für die Ausfuhr in Frage kamen. Häufig wurde der Tee erst in den Ausfuhrhäfen in Kisten verpackt, während er den Versand im Binnenlande meist nur in dicht verschlossenen, mit Reispapier ausgelegten Bambuskörben durchmachte.

Die Ausfuhrverpackung des chinesischen Tees folgte einer alten Überlieferung, mit der trotz mannigfacher besserer Vorbilder und trotz der vielfach geäußerten Wünsche der europäischen Handelshäuser nicht gebrochen wurde. Der Tee wurde in Kisten aus trockenem, leichtem, 5 bis 8 mm starkem Tannen- oder Fichtenholz verpackt. Dieses wurde wegen der Waldarmut Chinas zumeist vom Auslande, besonders aus Finnland, Kanada und auch Sibirien eingeführt. Da diese dünnen Kisten den Tee nicht vor fremden störenden Gerüchen bewahren könnten, wurde dieser zuerst in Folien oder Behälter aus Folien gepackt, die aus verzinktem Blei bestanden und die innen wieder mit zartem, aus Reisfaser hergestelltem Seidenpapier beklebt waren, um den Tee vor der unmittelbaren Berührung mit dem Blei zu bewahren. Nach dem Füllen wurde ein Deckelstück, das bei besseren Sorten oft sehr hübsche Handmalereien trug, darübergedeckt und an den Anliegestellen mit dem Behältnis verlötet. Die ganze Bleipackung wird nun in die Kiste gesteckt und darauf die verschiedenen Deckblätter der einzelnen hongs daraufgelegt, die oft einen ausgezeichneten künstlerischen Geschmack verrieten. Darüber kommt endlich der Kistendeckel, der nicht mit Drahtstiften, wie sie in Europa als Nägel gebräuchlich sind, auf der Kiste befestigt wurde, sondern mit aus weichem Eisen gefertigten Klammern. Die so verschlossene Kiste wurde mit dem bekannten chinesischen Reisstrohpapier umkleidet, von dem es eine unendliche Zahl verschiedenster Ausführungen mit Figuren, Ornamenten und Schriftzeichen gab. Zum Bekleben verwandten die Chinesen starken Reiskleister, selten chemischen Klebestoff. Waren die Kisten beklebt, so wurden sie mit einem schellackartigen Firnis ausgiebigst bestrichen, um sie — wenigstens nach Ansicht der Chinesen — wasserdicht zu machen. Da das Holz, wie erwähnt, sehr dünn und die Kisten schlecht zusammengefügt waren, so wurden sie von den Unbilden des langen Seewegs mit seinen Umladungen stark mitgenommen und zum Schaden der Käufer oft zerbrochen. Damit nun der Tee aus der zerbrochenen Kiste nicht verloren ging, wurde diese endlich mit dichtgeflochtenen Matten aus Bambusfaser umhüllt, die mit feinen

Rotangschnürchen als Fadenersatz zusammengenäht wurden. Schließlich wurde der ganze Packen mit starker Rotangschnur, in neuerer Zeit auch mit Bandeisen, das aus amerikanischen Einfuhren stammte, umschnürt. Anstatt der Bambusmatte fand sich auch Sackleinwand gröbster Art aus Sisalhanf vor. All diese Fürsorge verhinderte jedoch nicht, daß bei Ankunft des Tees im europäischen Binnenlande dieser im traulichen Verein mit losen Brettchen und Bleistückchen die Bambushüllen selbst ausfüllte.

Die erwähnte Beklebung der Kisten hielt sich für die Verpackung von schwarzem Tee, wechselnd nach den verschiedenen Anbauprovinzen, in weißer, gelber, vorwiegend aber roter Farbe. Grüner Tee war schon äußerlich kenntlich durch die grünen, meist mit roten Schriftzeichen versehenen Beklebepapiere. Bei grünem Tee fand man auch als Deckeleinlage neben den erwähnten Papierblättern der hongs getrocknete, aber noch grüne Blätter einer Bambusart (bambus bambusa), die mit ihren eigenen Stielen zu größeren Flächen kunstvoll zusammengeheftet waren.

Auf der Bastmatte der Packung wurden die Versandanzeigen aufgeklebt, die mit ihrem Inhalt: Sorte des Tees, Gewicht der Kiste, meist nach englischen Gewichtspfunden, Zeit der Pflückung, Erntejahr usw. eine ganze Seite der Kiste einnahmen. Derselbe Zettel befand sich auch unmittelbar auf der Holzkiste selbst. Auf diesen Zetteln befand sich auch das Zeichen des verpackenden hongs, diesmal in Antiquaschrift, um dem europäischen Käufer zu zeigen, ob er auch von der gewünschten Vereinigung beliefert wurde. Auf Wunsch der Empfangsfirmen wurde auch eine Reklamebeschriftung vorgenommen.

Für chinesische Tees wurden vorwiegend sogenannte halbe Kisten mit einem Nettoinhalt von etwa 30 bis 40 kg Tee verwendet, während ganze Kisten mit einem doppelten Gewicht nur selten und Viertelkisten mit etwa 15 kg nur für ganz feine Sorten in den Handel kamen. Für auserlesenen Tee, wie scented Orange Pekoe, wurden ganz kleine Kistchen, die nur 5 bis 8 kg Tee enthielten, zum Versand gebracht, die dann meist durch die besonders schöne Bemalung des Beklebepapiers auffielen. Sie waren im Gegensatz zur Schablonenarbeit an den gewöhnlichen Kisten handbemalt und trugen schon so den Stempel des Außergewöhnlichen. Wie bereits erwähnt, galt die Regel, dem Ausfuhrhändler die Ware in Inlandspackung anzudienen, nur in den südlichen Provinzen Chinas wurde sie manchmal bereits in seefertiger Verpackung geliefert.

Die an den einzelnen Arbeitsstätten der chinesischen hongs fertiggestellten Tees werden nach Entfernen mißratener Blätter, zu starkem Grusgehalt usw. durch sachgemäße Mischung der einzelnen bäuerlichen Lieferungen zu einem gleichmäßigen Gütegrad, zu sogenannten chops, zusammengestellt. Die Aufrechterhaltung der Eigenart und der Güte dieser im Handel bekannten und bewerteten chops bilden einen Ehrenpunkt für die chinesischen Hersteller. Ihr Name wurde auch auf den zur Verpackung benützten Kisten in chinesischen Schriftzeichen vermerkt. Dieser Brauch kann als Beispiel chinesischer Handelszuverlässigkeit angesehen werden, weil sich der chinesische Hersteller dadurch freiwillig einer dauernden möglichen Nachprüfung seines Erzeugnisses unterwarf. Unter hong sind entweder berufsmäßige Teehändler oder Gesellschaften aus solchen zu verstehen, oder aber auch Kapitalistenvereinigungen, die sich für jedes größere Unternehmen neu bilden und nach dessen Abwicklung wieder auflösen.

Die Finanzierung des chinesischen Teehandels geschah auf verschiedene Weise. Meist begab sich der Vorstand oder Sachverständige eines hongs mit mehr oder weniger zahlreichen Untergebenen noch vor Beginn der ersten Pflückung zum Ankauf der noch am Strauche befindlichen Blätter in den ausgemachten Abbaudistrikt. Da ein solcher nur von einem hong aufgesucht wurde, gab es keine Konkurrenz. An Geld führt er nichts weiter bei sich als einige Säcke Kupfermünzen. Es hatte sich mehr und mehr eingebürgert, den Tee erst nach dem Pflücken zu zahlen, er kam dann über mehrere oft bis zu zehn Mittelsmänner in die Saisonfaktorei. Welch unglaubliche Unkosten während dieses Weges auf der Ware lagen, erhellt daraus, daß ein Pikul (= 60,48 kg) Tee in Anhwei z. B. mexikan. $ 1.50 kostet. Derselbe Tee hatte dann in Schanghai, belastet durch Steuern, Zölle, Provinzialsonderabgaben aller Art, die im gewissen Sinne noch zu rechtfertigen waren, Kommissionsgebühren der zahlreichen Mittelsmänner, ungerechtfertigten Auflagen von Ortsbehörden und endlich der hohen Ausfuhrsteuer einen Preis von mexikan. $ 14.00.

Gleichzeitig mit dem Aufkauf wurde für den Bezirk eine Saisonfaktorei errichtet, einfach und ohne große Fürsorge, meist an einem guten Verbindungsweg zu einem Verschiffungsplatz. Die Unteraufkäufer bzw. Zwischenmakler brachten dann die Ware dorthin, und zwar durch Kuli-Träger, denn die chinesischen Wege lassen nur selten den Gebrauch eines Wagens zu, der auch zu teuer wäre und für einen Teeaufkäufer einen ungeheueren Luxus dargestellt hätte. In der meist nur in behelfsmäßig aufgestellten Bambushütten untergebrachten Faktorei wurde dann der Tee versandbereit gemacht.

Andere Teebauern erhielten ihre Teeblätter wieder erst bei der Ablieferung in der Faktorei bezahlt, manche überhaupt erst dann, wenn der Tee am Verschiffungsplatze angelangt und bezahlt worden war. Andererseits wurden in einzelnen Gebieten die Teebauern von Teehändlern oder hongs mit Unterstützung durch europäische Darlehen finanziert. Diese vorgestreckten Kapitalien wurden durch die hongs zu Ende des Winters den betreffenden Teedistrikten zugeführt und dienten dort zur Bestreitung der Arbeitslöhne und auch als Anzahlung bei Kleinbauern, um gesuchte Ernteerträgnisse sich zu sichern und endlich zur späteren endgültigen Bezahlung derselben. Dieses Verfahren wurde vielfach in der Provinz Fukien angewandt, auch deutsche Firmen waren hieran beteiligt.

Auffallenderweise kam es oft vor, daß die sonst als vorzügliche Handelsleute bekannten Chinesen durch verspätete oder falsche Erntenachrichten große Verluste erlitten, da zuverlässige Berichte trotz der vorhandenen Telegraphenlinien meist erst wenige Tage vor dem Eintreffen der Ware selbst nach den Marktplätzen gelangten.

Liegt die Saisonfaktorei nicht an einem schiffbaren Flusse, so mußte der Tee nach beendeter Bereitung durch Träger an den nächsten Fluß gebracht werden. Dabei schleppten diese die Ware oft tagelang durch schwer gangbare Gebirgsgegenden, indem sie auf ihren Schultern eine etwa 3 m lange und 5 bis 8 cm starke Bambusstange trugen, an der vor und hinter dem Träger je eine Kiste oder ein Bastkorb Tee mittels Bastschnüren angebunden war. Auf den Flüssen wurde der Tee in Dschunken verladen und war oft wochenlang unterwegs, bis er zum Ausfuhrhafen gelangte. Er war dabei wegen der häufig zu überwindenden Stromschnellen großen Gefahren ausgesetzt. Da die europäischen und amerikanischen Versicherungsgesellschaften die Versicherung während des inländischen Transportes abgelehnt hatten, war das Teegeschäft für die Chinesen ein außerordentliches Wagnis und nur bei sehr großen Gewinnen ertragreich.

Der Ankauf des Tees durch den Ausfuhrkaufmann ging folgendermaßen vor sich: Der Leiter der Niederlassung, immer ein Mann mit reichen Kenntnissen, fester Willenskraft und — unerläßlich — weißer Abstammung, gab an, was und wieviel gekauft werden sollte. Von wem jedoch gekauft wurde, bestimmte der Comprador, d. i. der chinesische Vertrauensmann des Ausfuhrhauses, der genau wußte, was die einzelnen Händler anzubieten hatten, bzw. was die Konkurrenz kaufte. Der Comprador war ein älterer, erfahrener, meist begüterter Chinese, der alle Geschäftsvorgänge seines Hauses im Verkehr mit Chinesen prüfte und überwachte, wozu er, diesen gegenüber, Handlungsvollmacht des Hauses besaß. Manchmal hatte er sogar sein Privatvermögen in seinem Ausfuhrhause selbst angelegt. Trotz des großen Interesses, das er an seinem Hause hatte, war er doch nicht selten empfänglich für Geschenke seitens der Händler. Die Versuche der Ausfuhrhäuser, unmittelbar mit den Maklern, Händlern und sogar Teebauern zu verhandeln, stießen auf den Widerstand der Chinesen, die jedem Nichtchinesen nicht nur Mißtrauen, sondern nicht selten sogar Haß entgegenbrachten, andererseits führten diese Versuche schon deswegen zu keinem Erfolg, weil sich der chinesische Händler den „roten Barbaren" gegenüber nicht an sein Wort gebunden fühlte.

Auf zwei verschiedenen Wegen verließ der zur Ausfuhr gelangende Tee China: auf dem Landwege wurde Asien z. T. versorgt, auf dem Seewege gelangte er in die ganze übrige Welt. Europa, das heute noch das Wort „Karawanentee" in bester Erinnerung hat, erhielt schon im 20. Jahrhundert seinen ganzen Bedarf ausschließlich auf dem Seewege. Seit es schnellfahrende

Dampfer gab, hat der Karawanentee, oft fälschlicherweise „russischer Tee" benannt, seine Berechtigung als bester Tee zu gelten, verloren.

Trotzdem zog bis zum japanischen Kriege eine Unzahl von Karawanen mit Tee beladen aus China aus, nur war ihr Ziel Innerasien. Vom Yangtsetal aus zogen sie an die Ausgangspunkte der großen Karawanenstraßen. Für das Geschäft mit der Mongolei, Turkestan und Sibirien war Kalgan so ein Knotenpunkt. Bis zum Jahre 1917 trugen 100 000 bis 200 000 Kamele den Tee von hier aus über das Tschin-gan-Gebirge nach der mongolischen Hauptstadt Urga, von hier nach Kiachta und Udinsk. Auch nach den Wirrnissen der russischen Revolution und den Kämpfen in der Mongolei wanderten noch tausende und aber tausende von Kamelen ihren Weg, von den viel zu teueren Kraftwagenverbindungen unberührt.

Ein zweites Zentrum ist die Stadt Sni-ngan, eine Heerstraße geht von hier über Ta-tsien-lu nach Tibet, wo der Tee gegen Wolle und Pelze ausgetauscht wird.

Auf diesen Landwegen verlassen meist Ziegel- und Tafeltees das Ursprungsland.

Die Ausfuhr auf dem Seewege nach Europa und Amerika ging aus den Seehäfen Schanghai, Futschau, Hangtschau und noch einigen kleineren Häfen. Der Tee wurde hauptsächlich auf schnellfahrende Postdampfer verladen, wobei neben englischen Linien auch deutsche bevorzugt wurden. Die englische Blue-Funnel-Linie fuhr z. B. mit ihren Schiffen von Schanghai unmittelbar nach London durch. In diesen Dampfern lagerte der Tee in geruchsicher verschlossenen Abteilungen, für deren Sauberkeit peinlichst gesorgt wurde.

Vier Fünftel der Gesamtausfuhr in schwarzem Tee gingen einst über Hankau, wo alles, was im Teewelthandel Geltung hatte, sich zusammenfand. Das Geschäft war oft rein spekulativer Art und lag vorwiegend in russischen und englischen Händen. Es begann nach der Ernte, die Ende März bis Anfang April begann, die offizielle Eröffnung fand um den 15. Mai statt, das Ende fiel etwa auf den 10. Juli. Die Umsätze gingen in die Hunderttausende von Kisten, verloren aber im Jahre 1918 ganz gewaltig an Umfang. Damals brachen durch das Ausscheiden Rußlands als Käufer fast alle in- und ausländischen Firmen zusammen. Schon 1901, als die englischen Dampfer, wohl aus Konkurrenzgründen, Hankau nicht mehr zum unmittelbaren Verladen anliefen, brachte einen einschneidenden Rückschlag, heute sorgt schon die innere Zerissenheit Chinas und der Fremdenhaß, den die augenblickliche kommunistische Regierung wenigstens zur Zeit noch an den Tag legt, dafür, daß an ein Wiederaufblühen Hankaus noch lange nicht gedacht werden kann.

Der einzige Hafen, der trotz aller Wirrnisse bis zu seiner Besetzung durch kommunistische Truppen seine einzigartige Höhe beibehalten hat, war Schanghai. Nach dieser Stadt hatte seit dem Jahre 1900, vor allem aber seit 1920, eine starke Zuwanderung chinesischer und ausländischer Firmen eingesetzt, die Schanghai anderen Plätzen vorzogen. Wird es doch nicht nur durch seine zentrale Lage an der Gesamtküste Chinas begünstigt, sondern vor allem lädt sein angenehm und leicht zu erreichender Hafen, der für jedes Schiff tief genug ist, zum Verladen ein. Schanghai war durch ein dichtes Kanalnetz mit dem Hinterlande verbunden und war auch der Endpunkt der wenigen chinesischen Eisenbahnen. Daneben zog damals der Ausländer vor, in einem Orte zu wohnen, an dem ihm die Kriegsschiffe seiner Nation in jedem Falle Schutz gewähren konnten. Endlich war er hier nicht den zerstörenden Überschwemmungen ausgesetzt, wie eine solche Hankau im Jahre 1931 überflutete und dabei große Werte vernichtete. In die ganze Welt, wo chinesischer Tee getrunken wurde, wurde er von Schanghai aus verschifft. Auch hier war der Handel fast durchwegs spekulativer Art, er lag hier fast ausschließlich in den Händen der Engländer. Diese betrieben auch hier die Einfuhr von Teestaub aus Indien und Ceylon, der in den Ziegelteefabriken Chinas verarbeitet wurde. Auch diejenigen Mengen indischen Tees, den die in China ansässigen Engländer aus Nationalgefühl heraus verbrauchten, wurden über Schanghai eingeführt.

Wie sich die Dinge unter der Herrschaft der neuen kommunistischen Regierung entwickeln werden, bleibt abzuwarten, aber auch sie wird mit Wasser kochen müssen, d. h., auch sie wird den Ausländern einen gewissen Einfluß einräumen und damit den Handel mit ihnen gestatten müssen, wenn auch vielleicht erst nach einiger Zeit.

Aus rein historischem Interesse heraus ist noch die Stadt Hongkong zu erwähnen, die einstmals der Startplatz für die Rennen der Segelschiffe war, der berühmten und bestaunten „tea-klippers“. Sie wandten alle erdenkliche Segelkunst an, um als erster vor der Konkurrenz mit der neuen Ernte des Tees London zu erreichen.

Indischer Kulturkreis

Indien und Ceylon

Der Hauptverschiffungshafen für Indien ist Kalkutta, der von Ceylon Kolombo. Über sie wird die ganze Welt versorgt.

Auch der Tee des indischen Kulturkreises wird, das chinesische Vorbilde nachahmend und es endlich weit übertreffend, in Kisten verpackt. Nur sind diese viel dauerhafter und besser vernagelt. Meist tritt das blanke Holz nach außen zutage, nur in einigen wenigen Faktoreien wurde es früher durch eine Jute-Umhüllung geschützt. Die Kisten waren früher aus 1½ bis 2½ Zentimeter starkem Fichtenholz, das meist auch hier aus Kanada oder Finnland eingeführt wurde, angefertigt. Sie erwiesen sich aber für den Transport als zu schwer und dabei doch nicht ganz bruchsicher. Deswegen ging man im Laufe des 20. Jahrhunderts dazu über, die Bretter durch ein dreimal geleimtes, etwa 6 bis 8 Millimeter starkes Sperrholz zu ersetzen, das den englischen Namen Venesta trug. Die Kistenwände wurden gleich in den benötigten Größen zugeschnitten aus englischen Fabriken geliefert, da das indische Holz sich zur Verarbeitung nicht eignete. Dieses Sperrholz ist trotz seines geringen Durchmessers und seiner Leichtigkeit so widerstandsfähig, daß es allen an ihn gerichteten Anforderungen voll entspricht.

Die früher nach dem chinesischen Vorbilde verwendeten, mehr oder weniger stark verzinkte Bleieinlage wurde ebenfalls wegen ihres hohen Eigengewichtes und vielleicht auch aus hygienischen Gründen durch dünne Folien aus Zinn und heute durchweg aus Aluminium ersetzt. Diese Folien sind innen an den Kistenwänden durch Leisten befestigt, sie umhüllen den Tee ohne weitere Papiereinlage.

Die Kisten werden eingeteilt in ganze Kisten mit einem Inhalt von 40 bis 50 kg Tee (netto gewogen) und in halbe mit 20 bis 25 kg Inhalt. Ganz selten finden für besonders feine Pflückungen von Darjeeling-Tees noch kleinere Kisten Verwendung.

Bei allen Kisten des indischen Kulturkreises fällt am Kistendeckel ein rundes, mit einer Blechmarke verschlossenes Loch auf. Die Lagermeister in den Teeversand-Lagern führen einen Bohrer mit sich, womit diese Löcher ausgebohrt werden, um Muster für Versteigerungen, Zollzwecke und ähnliche Vorhaben entnehmen zu können.

Aus China erhält man selbst von ein und demselben Bauern nur in den seltensten Ausnahmefällen im kommenden Jahre ganz den gleichen Tee wie im vergangenen. Dagegen sind die indischen Pflanzungen infolge ihrer Betriebseinrichtungen in der Lage, fast immer die der letzten Ernte genau entsprechenden Teesorten zu liefern, ein Vorzug, der nur infolge einer abnormen Witterungslage des einen oder anderen Jahres eine gewisse Beeinträchtigung erfährt. Denn in allen Pflanzungsbetrieben Indiens und Ceylons bedingt die Aufrechterhaltung des Ansehens der Pflanzungsmarke, die auf jede Kiste aufgemalt ist, die größte Sorgfalt in der Gleichmäßigkeit und Zuverlässigkeit der Bearbeitung und Verpackung. Sorten wie Gewichtsangabe sind ebenfalls genau auf den Kisten vermerkt. Aus diesem Grunde kommen Teeverfälschungen seitens des Ursprungslandes nie, Gewichtsabweichungen nur in den äußerst seltenen Fällen eines Versehens vor.

Die Teepflanzungen Indiens und Ceylons sind fast ausschließlich mit englischem Kapital gegründet und auch heute noch finanziert. Ob die Neuerrichtung der indischen Staaten hier einen Wandel eintreten läßt, ist noch ungewiß. Vielfach wurde an die Hergabe des Geldes von seiten der englischen Geldgeber die Bedingung geknüpft, die geernteten Tees dem Londoner Markte zuzuführen, aus welchem Grunde allein schon andere Einfuhrhäfen nicht in Frage kamen. Die finanziell weniger abhängigen Pflanzungen brachten ihre Erzeugnisse ausschließlich in den Landeshauptstädten und Handelsmittelpunkten Kalkutta und Kolombo auf den Markt. Hier fanden an mehreren Tagen jeder Woche genau wie in London regelmäßig öffentliche Versteigerungen statt, auf denen durchschnittlich in einer Woche rund 100 000 Kisten Tee versteigert wurden.

Die Tees, die in Kalkutta zur Versteigerung gelangten, lagen dort meist in Lagerhäusern; sie wurden erst nach der Versteigerung verschifft, der größere Teil hiervon nach außerenglischen Häfen und Ländern, während England, wie erwähnt, über London unter Umgehung von Kalkutta versorgt wurde. Diese Sendungen reisten unmittelbar von Teegärten Indiens als Konsignationsware nach London, wo sie am Sitz der englischen Teehändler, Mincing Lane, entweder freihändig verkauft oder ebenfalls versteigert wurden.

Sämtlicher für England bestimmter Tee wird bei der Einfuhr von besonderen Teeinspektoren, die durch die Zollbehörden eingesetzt sind, daraufhin geprüft, ob er fremde Bestandteile enthält und für den menschlichen Genuß geeignet ist. Von der Rieseneinfuhr Englands wurden 1928 zum Beispiel nur 465 Kisten beanstandet. Ein derart beanstandeter Tee darf nur für die Herstellung von Teeïn Verwendung finden, er wird unter Kontrolle der Zollbehörden denaturiert.

Die Aktien (shares) der Teepflanzungen lauten entweder auf Rupienwährung (Kalkutta) oder auf £ (London), sie sind meist in Werte von 10 Rp. oder 1 £ gestückelt. Die äußerst sorgfältige Verwaltung läßt die Gesellschaften blühen, die Aktien sind daher hochwertig und werden meist in einem geschlossenen Kreise von Verwandten und Freunden der Manager oder Gründer zurückbehalten. Handelsplatz ist dafür London. Der Zinsertrag ist in manchen besonders erfolgreichen Jahren unwahrscheinlich hoch.

Indonesien

Was den Tee von Java und Sumatra anbelangt, so wird er in sogenannten Quartkisten, die etwa 40 kg netto enthalten, ferner in $^1/_8$, $^1/_{16}$ und $^1/_{32}$ Kisten mit den entsprechenden Gewichten verpackt. Die Kisten gleichen denen Indiens und werden auch hier mit dem Namen der Teesorte, der Marke der Pflanzung und mit den verschiedenen Gewichtsangaben versehen. Früher mußte auch vom Javatee gesagt werden, daß man sich nicht ganz darauf verlassen konnte, denselben Tee der gleichen Pflanzung im kommenden Jahre nachkaufen zu können, da ein sich oft unangenehm bemerkbar machender Unterschied in der Lieferung bestand. Gerade aber in den letzten Jahren vor der Besetzung der Insel durch die Japaner wurde diesem Übelstande abgeholfen. Die Hauptausfuhrhäfen sind für Java die Stadt Batavia, für Sumatra die Stadt Padang, von wo aus der Tee teils nach Holland, teils nach London verfrachtet wird.

Auf der Insel Java war anfangs nur holländisches Kapital am Teeanbau beteiligt, aber mit der Steigerung der Weltnachfrage nach Tee und der wachsenden Bedeutung der Teekultur auf Java und Sumatra hat sich hier wie überall das englische Kapital mehr und mehr eingedrängt, so daß im Jahre 1939 mehr als die Hälfte der javanischen Pflanzungen unter dem Einfluß und Druck der englischen Finanzierung die Verpflichtung hatten, ihre Tees in London zum Verkauf zu bringen. Die übrigen Ernteerträge Javas und Sumatras gingen fast ausschließlich an den Amsterdamer Markt zu den bekannten öffentlichen Versteigerungen, kleinere Mengen auch nach Rotterdam. Während es einen regelmäßigen Lokal-Auktionsverkauf, wie in Kalkutta, auf Java nicht gab, bildete sich in den Jahren vor 1914 der Gebrauch heraus, unter der Hand die Ernte ganzer Pflanzungen oder auch nur Teile hiervon vertraglich fest zu übernehmen und unmittelbar nach den Verbrauchsländern zu verschiffen, wofür russische, amerikanische und auch wieder deutsche Abnehmer in Frage kamen.

Aus den Tausenden von Pflanzungen in Indien, Ceylon, Java und Sumatra ergibt sich eine ungewöhnlich große Zahl verschiedener Abstufungen und Gütegrade, vermehrt durch die ungleiche Sorgfalt bei der Ernte, dem Erntewetter usw. Weiterhin hat jedes einzelne Teeanbaugebiet seine ausgesprochene Eigenart, bedingt durch Boden, Höhenlage, Klima und Flora des Distriktes, die jedem Fachmann bekannt sein muß. Tausende der verschiedenen Gärten und Faktoreien haben wieder ihre ausgesprochenen Geschmacksunterschiede und Eigenarten nach den mehr oder weniger verschiedenen Herstellungsverfahren. Hierdurch wird erklärlich, daß die Beherrschung des ganzen Teemarktes eine sehr eingehende und langjährige Fachkenntnis erfordert, weshalb sich auch reine Spekulanten stets vom Tee fern hielten. Ein weiterer Grund hierfür liegt noch in der Eigentümlichkeit des Tees, daß er trotz bester Aufbewahrung und aller Vorsichtsmaßregeln durch zunehmendes Alter erheblich an Güte einbüßt. Aus diesem Grunde ist der Fachhandel bestrebt, daß bei Eintreffen der neuen Ernte seine Lagerbestände an vorjährigem Tee vollkommen geräumt sind.

Ein Statistik amtlicher Herkunft über die Ernte und den Weltvorrat an Tee gibt es nicht. Aus diesem Grunde sind auch die diesem Buche angehefteten Übersichten nur bedingt richtig. Man kannte eigentlich nur die jährlichen Abladezahlen von Indien, Ceylon und Niederländisch-Indien, sowie die Versteigerungsmengen der Auktionsmärkte London und Amsterdam. Über die in China jährlich gewonnenen Teemengen gab es niemals genaue Aufzeichnungen, sondern nur mehr oder minder richtige und willkürlich beeinflußte Schätzungen. Man kann annehmen, daß nur etwa 10 bis 15 vom Hundert der jeweiligen chinesischen Erntemengen zur Ausfuhr gelangten, über die aber wieder keine genauen Unterlagen vorhanden sind, weil Chinas Exporte auf dem Landwege nach Tibet usw. vollkommen unbekannt bleiben. Ebenso fehlten alle Angaben über die Teedurchfuhr durch deutsche Häfen ohne Berührung des Zollinlandes, auch unmittelbare Umladungen von Dampfer zu Dampfer. Seit 1914 sind auch die Angaben über Rußlands Verbrauch nicht mehr erhältlich, so daß, dies alles zusammengenommen, nur sehr unvollständige Bilder in der Statistik zutage treten können.

Tee-Verbrauchsländer außerhalb Ostasiens

An der Spitze aller Tee-Einfuhrhäfen steht mit weitem Abstand London, wohin nicht nur die ganz gewaltigen Teemengen für die Versorgung Großbritanniens gehen, sondern das auch infolge der kapitalistischen Abhängigkeit fast aller dem indischen Kulturkreis angehörigen Länder (siehe oben) der größte Teeumschlag- und Stapelplatz der Welt überhaupt ist.

Der Engländer ist der erste und stärkste Teetrinker, der vielleicht nur von den Bewohnern Australiens übertroffen wird. Er nahm diese Gewohnheit an seit jener Zeit, in der es die Wirtschaft der eigenen Kolonien Indien und Ceylon zu unterstützen galt, was er ja mit dem ihm ureigenen Instinkte, das allein Richtige in Politik und Handel zu treffen, schon immer wohl verstand. London ist „der" Teemarkt, weil hier fast alle Fäden des gesamten Teehandels, sei es der von China, Indien oder Ceylon, zusammenlaufen. Hier kann der Fachmann jede, wenn auch noch so seltene Sorte, die er für eine seiner Mischungen benötigen mag, erhalten. Hier lagern tausende und aber tausende Kisten Tees jeglicher Herkunft, hier leben die gewiegtesten, noch die kleinsten und feinsten Unterschiede herausfindenden „tea-tasters" der europäischen Länder, die in der Feinheit ihres Gaumens nur noch von den eingeborenen Teekennern Ostasiens überboten werden. Aus allen diesen Gründen ist London auch tonangebend in der Bestimmung der Teeweltmarktpreise, die von hier aus fast selbstherrlich festgesetzt werden, auch ein Grund mit dafür, daß die Ausfuhr Chinas jährlich geringer wurde, während im gleichen Maße die aus Indien und Ceylon anstieg, weil eben der Engländer der Ware, die seinem engeren Interessenkreis entstammt, überall den Vorzug gibt. Wenn auch die Zerstörungen, die der zweite Weltkrieg mit sich brachte, eine zeitweilige Abwanderung von Teefirmen aus London zeitigte, so hat sich mit Aufhebung der Teerationierung heute schon wieder das alte Bild entwickelt, London ist auch heute wieder an der Spitze.

Beeinträchtigt in seiner Vormachtstellung wurde England seit 1920 nur durch die Vereinigten Staaten von Nordamerika, die die Zeit des europäischen Krieges und die damit verbundenen Wirren benutzten und sich neben dem Gold- und manch anderem Warenmonopol auch des Teehandels zu bemächtigen suchten, was ihnen aber, soweit es die finanzielle Grundlage der Teeweltproduktion betrifft, nur in mäßigem Umfange gelang. Wie sich die Verhältnisse nach dem zweiten Weltkriege gestalten

Verpacken auf der Schüttelmaschine

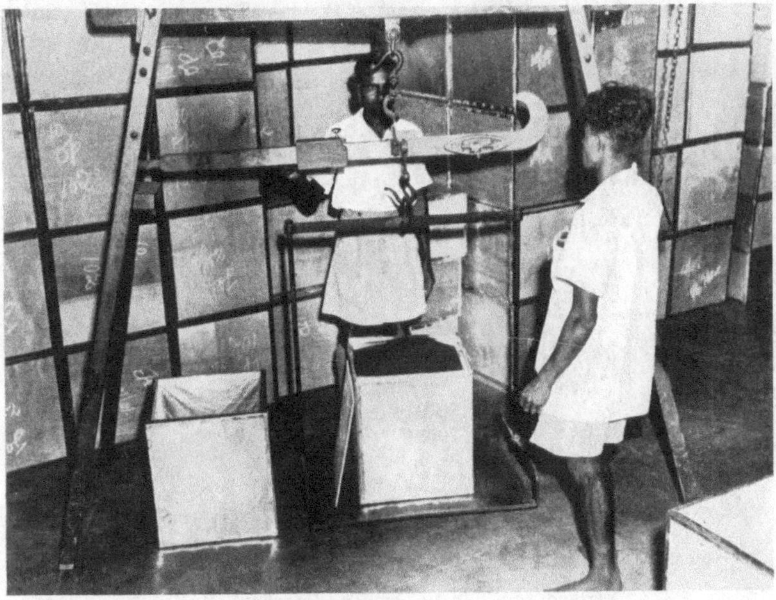

Abwiegen der gepackten Kisten

Versand von Tee-Kisten von der Plantage nach Kalkutta 1953

Versand von chinesischem Tee (Hankau) 1912

werden, ist noch nicht ersichtlich. Auf jeden Fall kaufen die Amerikaner jedes Jahr für den Verbrauch im eigenen Lande große Mengen der Teewelternte in den Herstellungsländern auf, die meist nach New York und Boston verschifft werden. Der Verbrauch Amerikas stieg schon in den Jahren 1922 und 1923 auf das Doppelte der früheren Bezüge und bewirkte dadurch ein Steigen der Teeweltmarktpreise, obwohl der Ausfall Rußlands als Großeinkäufer dies damals eigentlich hätte verhindern können.

Für Rußland, das vor 1914 der zweitgrößte Teeverbraucher war, kamen als Einfuhrhäfen Odessa und Wladiwostok in Betracht. Während bis in die 70er Jahre des vergangenen Jahrhunderts hinein das ganze europäische Rußland fast ausschließlich über Hamburg und besonders Königsberg i. Pr. versorgt wurde, trat etwa ab 1875 Odessa in jährlich steigender Menge auf dem Weltmarkte auf und versorgte bald das ganze europäische Rußland, mit Ausnahme der Ostseeprovinzen, mit seinem Volksgetränk. Da Rußland in überwiegendem Maße chinesischen Tee trank, war es ein Gegengewicht für die englischen Absichten, China ganz aus dem Teewelthandel auszuschließen. Nach Wladiwostok wurden auch große Mengen japanischer Tees sowie die gesamten chinesischen Ziegel- und Tafeltees für das nordwestliche Sibirien verschickt. Auf Grund der heutigen Verhältnisse in Rußland, das seinen Teeverbrauch großenteils durch Eigenanbau in Kaukasien befriedigen kann, ist nicht nur Odessa allein vollständig vom Weltmarkt verschwunden, sondern die Einfuhr chinesischen und auch japanischen Tees dürfte auf Bruchteile des früheren Verbrauches zurückgegangen sein. Anscheinend wird nur noch Zentralsibirien zwischen dem Jenissei und der Lena auf dem Landwege von China unmittelbar beliefert.

Trotz ihrer geringen Bevölkerungsziffer sind die Niederlande die drittgrößten Teeverbraucher geblieben, die Auktionen in Amsterdam bildeten einzig und allein noch einen gewissen Preisausgleich gegenüber den englischen Ansprüchen. Hier liefen bisher alle finanziellen Verbindungen des Mutterlandes mit den beiden ehemaligen Kolonien Java und Sumatra zusammen, soweit sie nicht auf englischem Kapital beruhten. Aus diesem Grunde umfaßten auch die Auktionslisten Amsterdams oft ganz gewaltige Kistenzahlen. Neben dem eigenen Lande wurde auch noch Belgien — der Hafen von Antwerpen verlor stark an Bedeutung —, Nordfrankreich und auch die nordwestlichen Teile Deutschlands mit versorgt. Einen besonderen Aufschwung nahm das Geschäft während des ersten Weltkrieges und der damit verbundenen Sperre Hamburgs als Empfangshafen, nur sorgten die Engländer zu bald dafür (1915), daß auch Holland nichts mehr in das Deutsche Reich einführen durfte.

Wären alle Deutsche so gute Teetrinker wie die Leute an der Wasserkante und besonders in Ostfriesland, so würde Deutschland nicht erst an fünfter Stelle auf dem Weltmarkt stehen. Wenn auch, gerade durch den ersten Weltkrieg und in seiner Folgezeit, der Tee als Tagesgetränk in

Deutschland Boden gewonnen hat, so hält sich der Teeverbrauch doch noch in sehr bescheidenen Grenzen. Wenn England die deutsche Konkurrenz im Teehandel zuwider war, so war nicht der deutsche Verbrauch der Grund hierzu, sondern der große Umschlags- und Durchgangsverkehr, der sich besonders über die deutschen Häfen Bremen und Hamburg abspielte — das früher im Teehandel stark vorherrschende Königsberg ist von Jahr zu Jahr bedeutungsloser geworden und hatte nur mehr eine ganz untergeordnete Stellung —. Denn über Hamburg zum Beispiel ging nicht nur neben dem Binnenbedarf die Einfuhr für Österreich und die Schweiz, sondern der große deutsche Hafen bildete auch den Durchgangspunkt für den Verbrauch des weitaus größten und am stärksten bevölkerten südlichen Teils von Skandinavien sowie für den Gesamtverbrauch der ehemaligen sogenannten Randstaaten einschließlich Finnland, Polen und Rumänien. Ja die Einflußzone Hamburgs reichte bis in die Türkei, die damals neben ihrem ausgemachten Liebling, dem Kaffee, auch den Tee zu schätzen begann, und in der Zeit zwischen 1925 und 1930 fand man sogar in Jerusalem Teekisten mit dem Abzeichen deutscher Firmen.

Aber nicht einmal eine mehr oder weniger genaue Schätzung gibt Aufschluß über die auf diesem Wege mit deutscher Tatkraft verkauften Mengen, es kann aber angenommen werden, daß sie das Vier- bis Fünffache der amtlichen deutschen Einfuhr darstellten, da manche Fachleute sie sogar auf das Zehn- bis Zwanzigfache schätzten. Da die Verkäufe oft von den Londoner Lagern aus vorgenommen wurden, so wurden sie in den Einfuhrstatistiken Englands aufgeführt, fehlen aber auf den deutschen, da sie hier nur Durchfuhrgut waren. Bis zu den einschneidenden Maßnahmen des Nationalsozialismus wurde ein großes Geschäft, das ebenfalls der Menge nach nicht feststellbar war, von den deutschen Häusern unmittelbar von Ostasien nach Amerika gemacht.

Für die Länder der ehemaligen österreichisch-ungarischen Krone war Triest ehemals der alleinige Tee-Einfuhrhafen, soweit sie nicht über das Reichsgebiet schneller und besser beliefert worden waren. Heute ist Triest der Hauptversorgungsplatz für Jugoslawien, während Österreich über Hamburg, die Tschechoslowakei und Ungarn über Danzig versorgt werden. Die von der italienischen Regierung vor dem zweiten Weltkriege unterstützten Versuche, Triest auch für die Versorgung des süddeutschen Marktes einzuschalten, wurden immer durch die besseren und billigeren Angebote und die größere Auswahl der deutschen Einfuhrhäuser vereitelt.

Italien und Spanien, die im Teebezug unter den Staaten Europas an letzter Stelle stehen, beziehen ihre geringfügige Einfuhr über Genua und Neapel bzw. über Malaga und Barcelona. Frankreich, für sich auch ein großer Abnehmer im Teewelthandel, führt seinen Anteil über Le Havre, Bordeaux und vor allem Marseille ein, über das auch die ganz erheblichen Mengen für die stark Tee trinkenden Länder Marokko und Algier versandt werden. Von hier aus bringen ihn auch noch in neuerer Zeit Kamelkarawanen nach den Oasen der Wüste Sahara, manchmal bis zum Tschadsee.

Bis in die Zeit des Aufblühens der indischen Kultur hinein hatte sich der Tee jedes Jahr nach beendeter Ernte naturgemäß in ostasiatischen Ausfuhrhäfen gesammelt und wurde dort von den Einheimischen den ausländischen Händlern zum Kaufe angeboten. Mit der zunehmenden Beherrschung des Teemarktes durch England jedoch bildeten sich andere Handelsgepflogenheiten heraus. Die großen Teehäuser Londons, daneben auch die Hamburgs, Amsterdams usw., eröffneten in den einzelnen Verladeplätzen Chinas, Indiens usw. eigene Zweigniederlassungen mit europäischem Personal, die nunmehr den Einkauf für das Stammhaus zu besorgen hatten und auch die Verfrachtung und was damit zusammenhing, für es vornahmen. Der Tee wurde dann teils im Eigenhandel der einzelnen Firmen gekauft und verkauft oder aber auch durch deren Vermittlung als Konsignationsware nach den gewünschten Empfangsplätzen für die dortigen Einfuhrhändler verladen, wo er erst nach Eintreffen fest in andere Hände überging. Später wurde auch diese Regelung verlassen und die Käufe im Erzeugungsgebiet auf eigene Rechnung seitens der verschiedenen Empfangsfirmen, deren Sitz im Hafenplatz oder Binnenlande war, abgeschlossen, da sich die Einfuhrhäuser, besonders in Hamburg, nicht mehr auf die so unsicheren Abladungsgeschäfte verlassen wollten. Denn nur bei festen Käufen läßt sich das Geschäft beleben und der Umsatz steigern. Auf diese Weise kamen große Teemengen in die europäischen Häfen, besonders nach London, wechselten hier den Besitzer und erreichten so den Binnengroßhandel. Hier muß bemerkt werden, daß Tee im Großhandel nur von einem durchaus reellen und ehrbaren Kaufmannsstand vertrieben wurde, der sich zu einem festgefügten Fachhandel emporgearbeitet hatte und vorbildlich für viele andere Handelszweige sein konnte. Der Binnengroßhandel gab den Tee in Originalkisten und Originalsorten an den Kleinhandel weiter, oder, was zwischen den beiden Kriegen mehr und mehr um sich griff, in den für den Gaumen der Landesbevölkerung bereits abgestimmten Mischungen, diese wieder offen in Kisten oder in den bekannten Kleinpackungen. Die damals des öfteren gemachten Versuche, vom Hafenplatz aus den Tee unmittelbar an die Verbraucher, also zum Beispiel von Hamburg aus nach Bayern, zu versenden, sind immer wieder fehlgeschlagen, einerseits, weil Tee nur in kleinstmöglichen Mengen vom Verbraucher gekauft wurde, in der Hauptsache aber, weil die Zusammensetzung des Trinkwassers in den einzelnen Teilen Deutschlands grundverschieden ist und daher immer wieder andere Mischungen erforderlich sind, um den Geschmack des Teetrinkers zu befriedigen.

BEURTEILUNG IM FACHHANDEL

Die Beurteilung des Tees im Fachhandel vollzieht sich in dreifacher Richtung.

Zuerst wird die Güte des Tees nach dem äußeren Bilde des Blattes eingeschätzt. Hier sind die Tees von China und die aus dem indischen Kulturkreis schon vollkommen verschieden.

Das Blatt aller chinesischen schwarzen Teesorten war nur selten fein und gleichmäßig bearbeitet (gedreht), es machte trotz des Rollens mehr oder weniger den Eindruck, als ob das frische grüne Teeblatt bei seiner Verarbeitung nur mehrmals gebrochen worden sei; ein Durchschnittsmuster Tee enthielt bei den meisten Sorten viel Staub und Grus, wenn es nicht aus solchen Partien stammte, die in Europa noch einmal gesiebt worden waren. Schwer war bei den chinesischen Tees das unbedingt notwendige Auseinanderhalten der einzelnen Sorten, wenn auch die rötliche oder schwarze Leitfarbe der Hankau- bzw. Futschau-Kongos einen guten Anhalt bot. Aber in sich waren zum Beispiel die Kongo- und Sutschong-Sorten oft in der Blattgröße und im Aussehen so ähnlich, daß nur jahrelanger Umgang mit Tee hier vor Fehlern bewahrte. Es kam dies vor allem daher, weil die Sortenbezeichnung von seiten der hongs bzw. den Verladern mehr oder weniger willkürlich gehandhabt wurde.

Gegenüber dem chinesischen Tee ist der des indischen Kulturkreises viel feiner und sorgsamer aufbereitet, die Vorteile der Maschinenarbeit zeigen sich in den besonders fein gedrehten Blättern, die fast durchwegs gleiche Größe besitzen und fast nie Staub mit sich führen. Trotzdem sind auch hier die Unterschiede meist recht schwer zu erkennen, zum Beispiel zwischen Ceylon-Tee und solchem aus Südindien, da sie sich sehr gleichen. Weiterhin ist auch hier der Unterschied zwischen Orange Pekoe und Pekoe oft kaum erkennbar, da er, wie schon oben erwähnt, mehr oder weniger dem Ermessen der einzelnen Faktoreien anheimgegeben ist.

Mit der Betrachtung des Blattes verbindet der Fachmann zugleich die Prüfung des Aromas des noch nicht aufgebrühten Tees, indem er — zum Erschrecken des Laien — seine Nase möglichst tief in die zu untersuchende Sorte steckt und mit geschlossenem Munde mehrmals tief und fest einatmet. Hierdurch wird der Tee beim Ausatmen etwas erwärmt und gibt sein Aroma schnell und deutlich zu erkennen. Auch hier tritt sofort der große Unterschied zwischen China- und z. B. Ceylontee zutage. Nimmt man Kimun Kongo, so ist dessen Aroma viel zarter und duftiger als bei Ceylon Orange Pekoe, der ein, wenn auch edles, so doch erheblich rassigeres und ausgeprägteres Aroma besitzt. Besonders auffallend in ihrem Dufte sind die parfümierten Tees Chinas sowie die auserlesenen Spitzengewächse von Darjeeling (Flowery Orange Pekoe); sind letztere das Ideal einer hochedlen, durch nichts verkünstelten Pflanze, die für jeden Kenner einen auserlesenen Genuß darstellt, so waren die scented Orange Pekoes aus dem Paklum-Bezirk Chinas fast betäubend durch ihren Jasminduft.

Wurden durch die Probe mit Auge und Nase die Tees ausgeschieden, die schon hier nicht dem Wunsche des Probierenden entsprachen, so beginnt hierauf die Probe in der Tasse. Sie geht meist in der Weise vor sich, daß immer 3 bis 5 Gramm — manche Probierende nehmen auch mehr — jeder zu versuchenden Teesorte in kleine Porzellankännchen mit etwa 300 ccm Inhalt geschüttet und mit siedendem (sprudelndem) Wasser übergossen werden, wodurch ein konzentrierter Aufguß entsteht. Nach der entsprechenden Ziehzeit (siehe unten!) wird das Getränk in eine möglichst dünne Porzellantasse abgegossen, die Blätter auf den umgedrehten Deckel des Kännchens gelegt. Aus ihnen, die durch das Aufbrühen aufgegangen und nicht mehr gerollt sind, werden noch einmal Aroma und Blattstruktur festgestellt, dann das Aroma des Aufgusses geprüft und endlich der Aufguß selber mit der Zunge und dem Gaumen gekostet. Dabei wird der Tee nicht getrunken, bis auf einen Schluck, den man im hinteren Rachen versucht, sondern in ein eigens dazu hergerichtetes Gefäß gespuckt. Auf all diese Gesichtspunkte wird die endgültige Bewertung aufgebaut und in Listen vermerkt.

Was die Beurteilung des Tees im Geschmack und Aroma anlangt, so muß diese wahrhaftige Gottesgabe angeboren sein, um durch lange Übung voll entwickelt werden zu können. Denn die Unterschiede im Geschmack und Aroma geben erst die Hauptgrundlage zur endgültigen Beurteilung einer Teesorte überhaupt und stellen an den Gaumen des Kosters und an seine Nase infolge der oft kaum mehr bemerkbaren Unterschiede einen so großen Anspruch, daß die wahre Kennerschaft von Tee viel seltener anzutreffen ist als zum Beispiel die von Wein. Wenn man bedenkt, daß in einem Tee-Spezialhaus die tägliche Probe von hundert und mehr Tees keine Seltenheit ist, die manchmal nur eine einzige bestimmte Sorte, z. B. Ceylon Orange Pekoe umfassen, so wird man verstehen können, welch ungeheure Leistung, verbunden mit langjährigen Erfahrungen, verlangt wird. Aus diesem Grunde sind auch sowohl die ostasiatischen wie europäischen „teatasters“ Leute mit oft riesigen Einkommen, und es gäbe Romane zu erzählen, wie in geradezu heroischen Kämpfen manche Häuser um so einen berühmten Manne rangen.

Weiterhin ist die Beurteilung ziemlich stark vom persönlichen Geschmack beeinträchtigt, wenigstens bei Europäern, die im Gegensatz zu Chinesen und Japanern nicht oder nur äußerst selten über eine objektive Teezunge verfügen. Der Kenner und Fachmann darf sich aber nie von seiner persönlichen Vorliebe oder Abneigung für die eine oder andere Sorte verleiten und in seinem Urteile beeinflussen lassen. Die Fähigkeit Tee richtig zu probieren, steigert sich zu unglaublichen, den Laien nicht faßbaren Leistungen, wenn z. B. ein Koster erklärt, dieser Tee entstamme dieser oder jener Pflanzung und sei im Vergleich zur Pflückung von vor zwei Jahren voller im Geschmack, obwohl dieses Urteil vollkommen zutrifft und keinerlei Übertreibung darstellt.

An dieser Stelle sei einer einzigartigen Amsterdamer Privatfirma gedacht, der sogenannten Pakhuismesteren van de Thee. Ihre Arbeitsweise ist vielseitig, sie ladet Tee im Hafen aus, verlädt ihn weiter, besichtigt ihn, scheidet ihn nach Sorten, wiegt und taxiert ihn, teilt ihn in Posten (Partien) ein; sie zieht Muster, fertigt Verzeichnisse für Versteigerungen — kurz, sie ist vom Betrieb des Amsterdamer Hafens nicht mehr wegzudenken.

DIE BEREITUNG DES TEEGETRÄNKES BEI DEN VERSCHIEDENEN VÖLKERN

Die vorbildlichen Lehrmeister für die Zubereitung des Tees im täglichen Leben sind in Ostasien zu suchen, wo die Chinesen und noch mehr die Japaner mit eingehendem Sachverständnis und wirklich rührender Liebe ihren Tee brauen.

Die Japaner kennen hierfür zwei verschiedene Arten: das Trinken des Blättertees, japanisch sen-tscha, und das Trinken des Pulvertees, ma-tscha. Schon die 29 unbedingt notwendigen Gegenstände, die zu letzterem gehören, wenn es besonders feierlich gehandhabt wird, liefern neben all den Vorschriften über die Zahl der Teetrinker, Ausschmückung des Raumes, Beschaffenheit des zu verwendenden Tees usw. den Beweis, mit welcher Sorgfalt von den Japanern das Teetrinken ausgebildet worden ist und welch große Rolle es bei ihnen spielt. Sie übertreffen hierin sogar die Chinesen. In jeder japanischen Familie, auch der ärmsten, findet man den Wassertopf zum Aufbrühen des Tees den ganzen Tag über gefüllt und auf einem Holzkohlenöfchen stehend. Trinkt doch der Durchschnittsjapaner täglich zwischen 10 und 20 Tassen Tee. Wenn auch die ärmere Bevölkerung der Hafenstädte sich unter dem Einflusse der Fremden mehr und mehr mit dem Reisbiere befreundete, so bleibt in besseren Kreisen und bei der Landbevölkerung, besonders aber unter den Frauen, der sogenannte Heißwassertee, tscha-no-ju genannt, wohl für immer erhalten. Er ist ein feierlicher, mit allen Zeremonien ausgestatteter Vorgang, bei dem zum Beispiel das abgedämpfte Licht und ein wohlüberlegter Blumenschmuck nicht fehlen dürfen. In Japan ist der Tee, man könnte fast sagen die Religion der Kunst des Lebens geworden. So durfte kein Geräusch den Rhythmus der Dinge unterbrechen, kein Wort die Einheit der Umgebung zerstören. An sich bleibt die Teezeremonie für uns Barbaren eine Kulthandlung, deren Einzelheiten nicht sofort verstanden werden. Als Eigenheit mag erwähnt sein, daß vielfach in das kochende Wasser des Teekessels ein kleines Stück Eisen gelegt wird, wohl zur Verbesserung des Wassers, wenn auch einzelne Schriftsteller glauben, daß das Summen des Metalls die feierliche Stimmung erhöhe.

Dem Chinesen unserer Tage ist der Tee etwas alltägliches geworden. Er wird in China in kleinen irdenen Töpfen aufgebrüht, die desto wertvoller sind, je länger sie diesem Gebrauche dienen und je mehr Teerückstände sich im Innern des Gefäßes abgesetzt haben. Getrunken wird der

Tee aus kleinen, zierlichen, oft nur ein bis zwei Schluck fassenden Porzellantäßchen. Die vielen Spielgärten in der Nähe der großen chinesischen Städte sind alle mit einem Teehaus versehen. Bestellt man dort Tee, so erhält man eine größere Tasse, in der er selbst aufgebrüht wird, wobei ein schalenförmiger durchlochter Deckel verhütet, daß dem Gaste die Blätter in den Mund geraten. Es ist in China strenge Sitte, daß man bei Besuchen erst in dem Augenblicke von dem stets gleich nach der Ankunft vorgesetzten Tee schlürft, wenn man selbst aufzubrechen wünscht. Trinkt der Gastgeber, so gibt er damit das Zeichen, daß er den Besuch beendet sehen will. Besonders hochgeschätzten Gästen wird Tee vorgesetzt, auf dem manchmal frische Rosenblätter schwimmen.

In Tibet und in der Mongolei wird der Tee, gewonnen aus Stücken eines Teeziegels oder einer Teetafel, mit Wasser, in seltenen Fällen mit Milch gekocht. Dem Sud wird Butter, etwas Pfeffer und Salz als Würze beigegeben. Jedes Mal, wenn man trinkt, und sei es auch nur ein Schlückchen, wird die Tasse erneut wieder vollgegossen. Ist die Tasse zum ersten Male wieder gefüllt worden, so muß man, um „das Gesicht zu bewahren“, unbedingt noch einmal daraus trinken, dann erst darf man den Rest stehen lassen Kein Tibetaner trinkt weniger als 15 bis 20 Tassen am Tage, manche alte Herren sogar deren 60 bis 70. Damit nicht eine blanke Fettschicht obenauf schwimmt, wird alles in einem hohen Holzgefäß zu einer gleichmäßig trüben Emulsion zusammengerührt. Ist der Tee bei dieser Zubereitung schon mehr eine dünne Suppe, so wird ihm von vielen tibetischen Stämmen auch noch geröstetes Gerstenmehl beigemischt. Auf der Oberfläche bildet sich dann ein Schaum, den man beiseite bläst, bevor man trinkt. Die Europäer mögen fast ausnahmslos diesen Tee nicht, aber er ist gut und nicht ungesund.

Die Tibeter schütteln ebenso wie die Chinesen und Japaner ungläubig und mitleidig die Köpfe, wenn sie hören, daß ihr Nationalgetränk in Europa gesüßt wird, denn das Süßen des Getränkes mit Zucker kennt man in ganz Ostasien nicht. Es ist dies ein europäischer Gebrauch, der wohl durch die starken Aufgüsse der Europäer bedingt ist, während China und Japan ihre Teeaufgüsse dünn und schwach machen.

An den, wie der Verfasser annimmt, ehemaligen Brauch, den Tee als Opfertrank zu genießen, erinnert bei den tibetanischen Dam-Mongolen die Übung, die gebrauchten Teeblätter als Opfer für die Ortsgeister auf den Herd in die Glut auszuschütten.

Sonst ist bei fast allen Kulturvölkern die Form der Teebereitung und des Teegenusses recht einförmig und gleichmäßig, eine starke Vereinfachung der ostasiatischen Sitten. So verleugnet auch die gegenüber der Kaffeekanne stets niedrigere Teekanne in ihrer bekannten Form ihre ostasiatische Abstammung nicht. Es hat sich auch in Europa die Sitte, wie sie in Japan seit Jahrhunderten gebräuchlich ist, eingebürgert, das Teewasser vor den Augen der Gäste im Zimmer zu erhitzen, wobei in Deutschland Ostfriesland den Bahnbrecher machte, wo — eine Folge des schlechten Trinkwassers — der ewig dampfende Teewasserkessel aus dem Bilde einer ostfriesischen Familie nicht mehr wegzudenken ist.

In Rußland, wo ehemals in hohen Gesellschaftskreisen wohl der beste, einem Europäer zugängliche Tee getrunken wurde, ist der Teewasserkessel von eigentümlicher, nur in Rußland allein gebräuchlicher Form. Es ist der sogenannte Samowar, der schon seit langer Zeit im Gebrauch ist. Wahrscheinlich wurde er aus dem Teegerät nomadisierender Mongolen entwickelt und dient ausschließlich zur Bereitung des Tees. Seine Größe und damit sein Wasserinhalt sind sehr verschieden, sie schwanken zwischen einem und zwanzig Liter. Der Samowar hat die Form einer Urne, die auf einem schmalen Fuße steht; er ist stets aus Metall, zumeist aus Messing gefertigt und oft äußerst kunstreich getrieben. Er besteht aus einem vasenförmigen Wassergefäß, das unten mit einem oft künstlerisch schön verzierten Hahn versehen ist, durch den das erhitzte Wasser in die Tasse abläuft. Der Länge nach ist der Kessel von einem etwa 8 bis 10 cm weiten oben offenen Rohre durchzogen, das sich unten erweitert und mit Luftlöchern versehen ist. In dieses Behältnis kommt das Heizmittel zu liegen. Hierzu wurden und werden noch einige vorher angezündete Holzkohlen verwendet — durch andere Brennstoffe als durch die geruchlosen Holzkohlen könnte das Aroma des Tees leicht Schaden leiden, — sie werden in neuester Zeit öfter durch eine elektrische Beheizung ersetzt—, auf deren Glut man so lange neue legt, bis das Wasser zum Sieden kommt. Manchmal wird zur Verstärkung des Luftzuges oben auf das Heizrohr ein kleiner Schornstein aufgesetzt.

Auch der Russe trinkt den Tee gewöhnlich ohne Zucker und ohne Milch. Jedoch pflegt er ihm gern ein paar Tropfen Zitronensaft beizufügen, wodurch nach seiner Ansicht das Aroma des Tees verstärkt werden soll. Die ärmeren Klassen trinken den ganzen Tag hindurch Tee, genießen ihn aber sehr stark verdünnt, weil sie immer wieder in den Samowar auf die schon einmal gezogenen Blätter Wasser gießen. Die Teeblätter bilden in einer kleinen Porzellan- oder Steingutkanne, die zum Warmhalten auf das Heizrohr des Samowars gestellt wird, eine Art Tee-Extrakt, den man sich dann beliebig verdünnen kann.

Der Engländer, der neben dem Australier der größte Teeverbraucher der Welt ist, trinkt seinen Tee nicht in den schwachen Aufgüssen, wie sie in Deutschland beliebt sind, sondern so stark, wie er ihn nur irgend vertragen kann. Obwohl er sowieso schon den kräftigen indischen Tee zu seinen Aufgüssen bevorzugt, nimmt er zu einer Tasse etwa zwei- bis dreimal so viel Tee wie der Deutsche. Natürlich gibt es auch in England Leute, die den Tee so lange einweichen, bis er bitter ist. In Irland und Teilen von Schottland gilt es fast als Beleidigung, seinen Gästen einen Teeaufguß anzubieten, der nicht dunkelbraun bis schwarz ist. In England und besonders in London trinkt man schwächere Aufgüsse. Aber diese Handhabung ist nicht allgemein gültig.

Auch in Holland wird der Tee in sehr starken, dunklen Aufgüssen genossen, meist unter Zusatz von dickem, süßem Rahm und alkoholischen Getränken, von denen der Arrak besonders beliebt ist.

Ganz abweichend von den vorstehend beschriebenen Bereitungsarten sind einige Formen, die sich in Hinterindien finden. Hier wird nämlich der Tee nicht in Form eines Aufgusses getrunken, sondern gekaut oder gegessen. So sollen die Birmesen nach verschiedenen, sich allerdings nicht ganz deckenden Nachrichten den im Lande gewachsenen Tee, d. h. die vergorenen Blätter gemischt mit Salz, Knoblauch und Sesamöl als Beigericht zum Reis genießen. Eine der gewöhnlichsten Waren auf dem Markte von Kaiang-mai ist der mian, den man an Stelle von Betel kaut. Er besteht aus Teeblättern, die am selben Tage, an dem sie gepflückt wurden, mit Dampf gekocht und dadurch erweicht werden. Sie werden dann in Bambusröhren gefüllt und zusammengepreßt, wodurch sie eine Art Gärung durchmachen; nach acht Tagen sind sie zum Gebrauch fertig. Drei bis vier Blätter mit ein wenig Salz werden zu einer Kugel gerollt und zwischen Wange und Zahnfleisch geschoben, wo sie etwa eine Stunde liegen bleiben, ohne gekaut zu werden. Diese Sitte, den Tee auszusaugen, erinnert an das Betel-Kauen, dessen Verbreitungsgebiet der Tee hier berührt.

Obwohl die Ansicht verbreitet ist, daß der Mohammedaner nur ein Verehrer von Kaffee sei, wird in manchen Ländern, so in Marokko und Persien, viel Tee getrunken. In Persien mag dies eine Einwirkung aus jener Zeit sein, als die chinesischen Kaiser ihre Verbindung mit dem Westen durch die sogenannte Seidenstraße aufrechterhielten. Die Teetrinker benützen hier kleine Gläschen, zu denen ein als Untersatz dienendes Tellerchen und ein zierliches Löffelchen gehört. In Marokko, wo mehr Tee als Kaffee genossen wird, der Teegenuß wird für vornehmer gehalten, wird dem Gaste als Ehrentrunk Tee vorgesetzt. Es wird ausschließlich grüner Tee aus China unter Zusatz stark riechender Kräuter wie Minzen, Melissen usw. getrunken. Der Zusatz geschieht in der Weise, daß von den getrockneten Blättern dieser Pflanzen wie vom Tee je ein gesonderter Aufguß hergestellt wird. Die beiden Getränke werden getrennt in die kleine Tasse des Trinkers gegossen und erst dort nach Geschmack gemischt, manchmal werden sie auch unvermischt genossen. Von Marokko aus hat sich der Tee in Algier und den weiteren afrikanischen Küstenländern des Mittelländischen Meeres Freunde erworben; man würzt ihn dort vor allem mit Zimt, trinkt ihn aber wohl mehr bei Festlichkeiten als als tägliches Getränk. Erwähnenswert ist, daß die Mohammedaner den Tee sehr stark zuckern, was in der Eigenart des grünen Tees seine Erklärung findet, besonders wenn dieser als starker, lange gezogener und damit bitter gewordener

Aufguß genossen wird, wie dies in den angeführten Ländern Afrikas der Fall ist.

Die barbarische Sitte, den an sich zarten Wohlgeschmack des Tees durch Beigabe von stark riechenden Gewürzen zu „verstärken", in Wirklichkeit aber zu vernichten, die auch in Europa noch vor 60 Jahren gang und gäbe war, ist endlich ganz verschwunden. Vor allem war es der derbe Zimt und die rassige Nelke, die als derartige Zutaten beliebt waren. Eine große Rolle spielte auch die zarte Vanille, die alle anderen „Teegewürze" überdauerte und in seltenen Ausnahmefällen auch heute noch zu finden ist, sei es als Beigabe zum fertigen Getränk, sei es, daß sie mit dem Tee zusammen in ein und derselben Büchse aufbewahrt wird. Eine Erinnerung wird bei einigen alten Hamburger oder Bremer Einfuhrhäusern ersichtlich, die neben Tee Vanille als einzigen Nebenartikel führten.

Die russische Sitte, dem Tee durch Einlegen einer Zitronenscheibe einen etwas säuerlichen Geschmack zu verleihen, wurde auch in Deutschland, wie so vieles, nachgeahmt, obwohl hier der Hauptgrund dieser Beigabe vollkommen wegfiel, nämlich das e i n z i g e Tagesgetränk zu einem erfrischenden zu machen.

In Frankreich erhält man zum Tee, besonders in den Städten des Südens, ohne weiteres ein Fläschchen mit Orangenblütenwasser vorgesetzt, wovon einige Tropfen dem Tee zugegeben werden. Eine ähnliche Zugabe war früher, als der Tee noch nicht seine führende Stellung errungen hatte, in den Kolonialwarenhandlungen aller europäischen Länder anzutreffen, womit man einer weniger guten Teesorte zu einem besseren Aroma zu verhelfen meinte. Heute ist diese Art von Geschmacksverfälschung nicht mehr üblich.

Nebenher hat sich, im Laufe der Zeit immer stärker einbürgernd, die Sitte oder besser Unsitte herausgebildet, dem Tee Alkohol in Form von Arrak, Rum oder Weinbrand beizugeben, was besonders in Holland, Österreich, hier besonders in den Alpenländern, und in den skandinavischen Staaten geschieht. Der Grund hierfür mag einerseits darin beruhen, daß der Aufguß zu dünn bereitet wird, um noch als Anregungsmittel zu gelten, oder es mag der Wunsch bestehen, den altbeliebten Grog statt mit Wasser mit Tee zuzubereiten. Einen guten Tee aber so zu behandeln, beweist entweder die Geringschätzung eines edlen Getränkes oder die Unkenntnis von dessen Eigenart und Güte. Der Kenner verdirbt jedenfalls seinen Tee durch derartige Beigaben nicht. Für ihn ist schon die Zugabe von Zucker und Milch, namentlich wenn diese nicht feinster süßer Rahm ist, eine Gewissensfrage. Wer anderer Anschauung ist und auf Alkohol nicht verzichten will, der trinke seinen Grog.

DIE RICHTIGE ZUBEREITUNG DES TEES

In diesem Absatze sollen fachmännisch begründete Angaben gemacht werden, wie der Tee bereitet werden soll, damit er alles, was er an Geschmack und Aroma besitzt, herzugeben gezwungen ist.

Trotz aller gegenteiliger und entrüsteter Behauptungen wird der Tee nämlich erfahrungsgemäß nur in den seltensten Fällen richtig zubereitet, woran unter anderem auch so manche „fachmännische“ Anleitung in Tageszeitungen (vorwiegend in Frauenzeitungen) mit Schuld trägt. Die beste und teuerste Sorte und die vorzüglichste Mischung wird durch falsche und lieblose Aufbewahrung und Zubereitung wertlos und fade, sagt doch ein ostasiatischer Teeverehrer nicht ohne Grund: „Der Tee ist ein Kunstwerk und braucht Meisterhände, um seine edelsten Eigenschaften zur Geltung zu bringen.“

Für den europäischen Geschmack haben sich im Laufe der Zeiten zwei verschiedene Bereitungsarten herausgebildet, die erste, die die bessere, richtigere, wenn auch schwierigere, nach englisch-holländischem Muster, die zweite, billigere und sparsamere nach russischem Vorbilde.

Vorweggenommen sei, daß die einzelnen Teesorten ihrer Herkunft nach freudige Aufnahme oder kühle Abweisung erfahren, genau wie die verschiedenen Weinsorten: Rhein, Mosel, Bordeaux ihre eingeschworenen Liebhaber zählen — der Geschmack ist eben verschieden. Man darf sich also vom Nichtschmecken der einen oder anderen Sorte nicht dazu verleiten lassen, den Tee allgemein zu schmähen, sondern man soll dann alle anderen im Handel befindlichen Sorten versuchen, sicher wird eine zusagende gefunden.

Der erste Hauptgrundsatz für die richtige Bereitung des Tees ist der, den Tee nie mit Metall in Berührung zu bringen, seien es die Blätter — hier nimmt man am besten Glas —, sei es das Getränk. Teekannen aus Metall mögen ja das Auge erfreuen, aus Silber getrieben können sie wertvolle und ehrwürdige Familienstücke darstellen — für das Getränk des Kenners eignen sie sich unter keinen Umständen! Wenn gegen diesen Grundsatz z. B. in Lübeck eigenartig geformte Metallkannen zur Teebereitung benützt werden, so ist dies bei dem anerkannt guten Geschmack der Hanseaten für alle leiblichen Genüsse dahingehend zu erklären, daß der durch das Metall verursachte Sondergeschmack des Tees eine Zeitlang sozusagen Mode war, oder daß dadurch das Trinkwasser etwas von seiner zu großen Weichheit verliert. Das einzig richtige und vollkommen einwandfreie Material für Teekannen und Teetassen ist — neben Glas — sicherlich das Porzellan, das nicht umsonst die ostasiatischen Völker in von uns Europäern lange nicht erreichbarer Höhe anzufertigen verstanden. Denn auch zwischen Porzellan und Porzellan ist ein großer Unterschied, schmeckt doch der Tee aus einer dickwandigen, unförmigen, sogenannten Kaffeehaustasse bei weitem nicht so gut wie aus den zarten, hauchdünnen, entweder echt chinesischen oder japanischen Teetassen, oder solchen, wie sie heute manche deutsche Porzellanmanufaktur anzufertigen versteht. Wenn manche Kenner die in Rußland gebräuchliche und sich von dort nach Deutschland einbürgernde Steingutkanne bevorzugen, so ist ja der Unterschied zwischen Steingut und Porzellan im Gebrauch nicht allzugroß. Dagegen hat die Steingutkanne die sicherlich vielen unangenehme Eigenschaft, daß sie in ihrem Innern eine sich ziemlich schnell bildende Kruste aus Teerückständen erhält. Diese soll nach Ansicht ihrer Verteidiger nicht entfernt werden, da sie einen besonders günstigen Einfluß auf spätere Aufgüsse ausüben soll. Das mag ja in Anbetracht des porösen Steinguts gut und angebracht sein, zeugt aber nicht von Reinlichkeit und ist nur dann anwendbar, wenn jahraus, jahrein, früh, nachmittags und abends ein und derselbe Tee getrunken wird. Wenn man aber auch in Deutschland endlich einmal so weit sein wird, zu den verschiedenen Tageszeiten und Gelegenheiten verschiedenen Teesorten wegen ihrer Sondereigenschaften den Vorzug zu geben, dann eignet sich auch bei einem gemäßigten Reinlichkeitsbedürfnis diese Steingutkanne nicht.

Die zweite Hauptvoraussetzung für einen wirklich guten Tee ist die, daß in dem zum Kochen des Teewassers bestimmten Gefäße unter gar keinen Umständen etwas anderes gekocht werden darf als eben nur Wasser. Denn es leuchtet jedem denkenden Menschen ein, daß ein Kochkessel z. B. von Suppe nie so gut gereinigt werden kann, daß nicht doch, wenn auch nur ganz geringfügige Rückstände von Fett usw. bleiben, die den Geschmack des Tees ungünstig beeinflussen; am besten eignet sich zum Kochen des Wassers der sogenannte Teekessel mit Schnabel und beweglichem Handgriff aus Aluminium oder Email. Sollte in Gebieten mit stark kalkhaltigem Wasser sich im Innern eine Kalkschicht ansetzen, so ist diese mit einer dünnen Salzsäurelösung, etwa 10 Tropfen Säure auf einen ¼ Liter Wasser, die man im Kessel einmal aufkochen läßt, leicht zu entfernen.

Der dritte Hauptpunkt ist die Aufbewahrung des Tees im Haushalt. Hierzu gibt es äußerst handliche Teebehälter in verschiedener Größe aus Glas, Porzellan und Kristall, seltener aus Holz. Letztere sind nur dann einwandfrei, wenn sie entweder echt ostasiatische oder diesen genau nachgebildete, d. h. innen und außen geruchfrei lackierte Dosen sind. Blechdosen eignen sich nur dann, wenn der Tee außerdem noch in Papier, am besten Pergament, Pergamyn oder Cellophan — dicht verschlossen — verpackt ist, da sie, meist aus Schwarzblech gefertigt, leicht Rost ansetzen und schon dadurch dem Aroma des Tees schaden. Immer aber müssen alle verwendeten Dosen mit einem dicht schließenden, am besten verschraubbaren Deckel verschlossen sein, damit fremde, den Tee beeinträchtigende Gerüche unbedingt ferngehalten werden. Die Dose selbst soll an einem trockenen, wenn möglich etwas gewärmten Platze stehen, nicht aber in der Küche, in der die „feindlichen" Dämpfe vorherrschen, auch nicht in geschlossenen Schränken, deren Holz noch Eigengeruch besitzt.

Als vierter Punkt kommt nun die Zubereitung einer Tasse Tee selbst, zuerst nach dem besseren Verfahren. Das Wasser ist aufgesetzt, gerade fangen die ersten Perlen an aufzusteigen; in diesem Augenblicke muß die Teekanne, die für den Inhalt von 4 bis 6 Tassen gedacht ist, mit ungefähr einer Tasse heißen Wassers gefüllt werden, damit sie sich erwärmt; dies wird durch Schwenken der Kanne gut und schnell erreicht, weil dann das eingegossene Wasser die Wände sofort durchwärmt. Dann läßt man die Kanne mit dem Wasser stehen, das erst dann abgegossen wird, wenn das eigentliche Teewasser aufsprudelt. Erst dann wird das abgekühlte Wasser wieder in den Kochtopf zurückgegossen und dadurch das Kochen unterbrochen, damit bei kalkhaltigem Wasser, z. B. in München, der Kalk gebunden und ausgeschieden wird. Diese Pause wird benützt, um in die nun heiße Kanne die gewünschte Menge Tee zu werfen. Ein genauer Maßstab für die zu verwendende Menge kann nicht gegeben werden, weil sie vom Geschmack des einzelnen Trinkers abhängt; als Durchschnittsnorm gilt ein gestrichen voller Teelöffel auf einen Viertelliter Wasser oder 1 Gramm für jede gewöhnliche Teetasse. Der Tee soll unmittelbar in die Kanne selbst gegeben werden, weil bei Verwendung von Tee-Eiern usw., die noch dazu meist aus Metall gefertigt sind, der Tee nicht voll ausgenützt wird. Nun wird der Tee mit dem inzwischen wieder sprudelnden Wasser übergossen, das aber nicht zu lange gekocht haben darf, da sich sonst das Aroma des Tees durch die verlorengegangene Kohlensäure nicht voll entwickeln würde.

Es beginnt nun das Ziehenlassen des Tees, bei dem am meisten gesündigt wird, obschon es wahrlich keine Kunst ist. Es muß hier vor allem der Unterschied zwischen den einzelnen Teesorten in Betracht gezogen werden. Die schwarzen Tees chinesischer Herkunft sollen genau 5 Minuten ziehen, sie geben dann einen zarten, weichen und hellgelben Aufguß. Sie eignen sich am besten für den Nachmittagstee und sind ohne Milch (Sahne) zu trinken. Die Tees aus Indien, Ceylon und Afrika dürfen höchstens 3 bis 4 Minuten dem Einflusse des kochenden Wassers ausgesetzt werden. Indischer und afrikanischer Tee hat einen würzigen Wohlgeschmack, feines, aber kräftiges Aroma bei dunklem Aufguß, Ceylontee ist ihnen ähnlich, jedoch von hellerer Farbe. Alle drei können mit kalter Sahne ein wenig gemicht als Frühstückstees getrunken werden. Die Tees aus Indonesien sind kräftige, stark anregende Sorten mit dunklem Aufguß, sie sind als Tee der Abendstunden und besonders zur Frischerhaltung bei geistiger Arbeit beliebt. Sie müssen 4 bis 6 Minuten ziehen, um sich voll entwickeln zu können. Selbstverständlich sind vorstehende Angaben immer bedingt durch die Güte der einzelnen, gerade vorliegenden Sorte, auch handelt es sich hier um unvermischten schwarzen Tee. Teemischungen sind im einzelnen zu erproben.

Die Aufgußzeiten der weitaus mehr Teeïn und Gerbsäure enthaltenden grünen Tees Chinas sowie der Ulongs aus Formosa sind sehr verschieden. Es empfiehlt sich hier, die Ziehzeiten auszuprobieren, man wird aber eine solche von 3 Minuten wohl nie überschreiten dürfen, ohne dem Geschmack durch zu erhebliche Bitterkeit zu schaden. Sie haben alle einen strohgelben Aufguß und werden uns Europäern nur selten ohne Zugabe von Zucker munden.

Die angegebenen Zeiten des Ziehenlassens sind genauestens einzuhalten, da bei kürzerem Ziehenlassen das Aroma des Tees nicht voll zur Entwicklung kommt, bei zu langem Ziehen hingegen der Tee einen unangenehmen, bitteren Geschmack durch Lösung von zuviel Gerbstoff erhält. Es gibt auch ein nicht zu verkennendes äußeres Zeichen für die richtige Ziehzeit der einzelnen Sorte, nämlich der Zustand der Teeblätter beim Aufguß. Sind diese vollkommen aufgerollt, so daß man ihre Blattstruktur erkennen kann, ist der Tee als Getränk fertig und von den Blättern sofort abzugießen.

Es ist falsch, wenn Ärzte dem Kranken einen „goldgelben" Tee verordnen, was man leider nur zu oft hören kann. Kauft nun die besorgte Pflegerin zufällig indischen Tee, so mag das Getränk der gewollten Anordnung entsprechen, wenn sie aber Ceylon oder gar chinesischen Tee erhält, so wird dem Kranken ein viel zu stark ausgelaugter, meist bitterer Tee vorgesetzt, der statt der erwarteten Linderung das Gegenteil bewirken kann. Da der Farbunterschied im Aufguß noch viel zuwenig bekannt ist, soll sich der Arzt beim Verschreiben von Tee immer vergewissern, welche Sorte im Hause ist bzw. den Kauf einer bestimmten Sorte angeben.

Hat der Tee endlich die vorgeschriebene Zeit gezogen, so muß das fertige Getränk von den Blättern ab- und in die inzwischen auf ähnliche Weise wie die Ziehkanne vorgewärmte Auftragekanne umgegossen und aufgetragen werden.

Wer die etwas umständliche Arbeit mit den zwei Kannen vermeiden und doch vorschriftsgemäß handeln will, dem sei die neuartige von der Porzellanmanufaktur Nymphenburg in München hergestellte Teekanne bestens empfohlen, die jeden auch noch so verwöhnten Ansprüchen voll Genüge leistet. Dieselbe hat schon äußerlich eine ansprechende Form, die an beste ostasiatische Tradition erinnert. Das Innere der Kanne ist gekennzeichnet durch einen Einsatz, in den oben die gewünschte Teemenge geschüttet wird, während der untere Teil als Druckkessel wirkt, aus dem die Luft nicht ohne weiteres entweichen kann. Hat der Tee die bestimmte Zeit gezogen, so wird auf den metallenen Druckknopf auf dem Deckel gedrückt, wodurch sich der Druckkessel öffnet, das Wasser sinkt ab und berührt den Tee in seinem Behältnis nicht mehr, so daß das Ziehen unterbrochen ist.

Eine moderne, besonders einfache und handliche Art der Teebereitung ist die Verwendung abgepaßter Teemengen in kleinen Beuteln, die von verschiedenen deutschen Packer-Firmen herausgebracht worden sind, z. B. Tee-Fix. Tea Bags nennt sie der Engländer und Amerikaner, in deren Ländern sie sich auch durchsetzten. Man kann bei ihrer Verwendung neben dem hygienischen Vorteil dem Tee eine beliebige Stärke geben, hat keinen Grus im Aufguß — alles Vorteile, die zusammen mit einem annehmbaren Preis dem Tee neue Liebhaber zuführen können.

Wird nun der Tee in der angegebenen Weise zubereitet und hat man beim Einkauf die Güte nicht der Billigkeit geopfert, was sich gerade beim Tee recht schlecht bezahlt macht, dann kann man sich eines herrlich duftenden und wohlschmeckenden Getränkes erfreuen und denkt gar nicht mehr daran, es mit Rum usw. „verbessern“ zu wollen.

Auch hat der Tee bei dieser Bereitungsart noch einen ungeheueren Vorteil, daß er nämlich nicht nur das Warmgetränk für die kühleren Monate darstellt, sondern, was leider nur noch zuwenig bekannt ist, auch als ideales kaltes Getränk sich während der heißen Sommerzeit bewährt. Hierzu wird er am besten wie vorstehend geschildert bereitet, am geeignetsten schon morgens im Zusammenhang mit dem Kochen des Frühstücks und gleich in solcher Menge, wie sie der Tagesverbrauch der Familie erfordert. Man gibt dem Aufguß nach Belieben Zucker und zur Steigerung der Erfrischung etwas reinen Zitronensaft bei, läßt ihn dann abkühlen und genießt ihn so kalt wie möglich, gegebenenfalls unter Zusatz von Eis. Besonders für Kinder und Kranke ist der kalte Tee mit seiner durststillenden Wirkung ein ganz ausgezeichnetes Mittel, dessen Wert in Gegenden mit schlechtem Wasser überhaupt unschätzbar wird, da abgekochtes Wasser ohne Teezusatz unangenehm schmeckt. Infolge seiner psychischen Wirkung (siehe Seite 17 ff.) ist der Tee in dieser Form besonders empfehlenswert, bei jeglichem Sport, vor allem bei Hochtouren und Skifahrten im Gebirge, bei denen er das oft fehlende Wasser besser und dem Körper zuträglicher ersetzt als alle alkoholischen Getränke und Mischungen. Er wurde deswegen auch bei der ehemaligen deutschen Wehrmacht als Tagesgetränk neben Kaffee eingeführt.

Zur Herstellung des kalten Tees eignet sich die zweite sparsamere Machart nach russischem Vorbilde nicht so sehr. Hierzu wäre eigentlich ein echter russischer Samowar nötig, den sich aber nur wenige wegen seiner hohen Kosten anzuschaffen vermögen. Man ersetzt ihn dadurch, daß die Teeblätter in ein kleines Kännchen aus Steingut oder besser Porzellan geschüttet und mit so viel springend kochendem Wasser übergossen werden, daß sie gerade mit Flüssigkeit bedeckt sind. Über die Erwärmung des Kännchens, die zu verwendende Menge des Tees usw. sind dieselben Richtlinien

Verladung in Colombo

„Tea-taster" bei der Arbeit

Tee-Zeremoniell in Indien und Ceylon

Ostfriesische Familie beim Tee

einzuhalten, wie sie oben beschrieben wurden. Man läßt das Getränk etwa 1 bis 2 Minuten länger ziehen als die Ziehzeiten der Übergußbereitung sind, also zum Beispiel bei chinesischem Tee statt 5 rund 7 Minuten, gießt dann den nunmehr gewonnenen Extrakt in kleinen Mengen in die Tassen der Trinker, die sich dann nach Geschmack durch Zugießen von heißem Wasser das Getränk selbst fertigstellen. Man kann auch das Kännchen hierauf ein zweites Mal mit kochendem Wasser nachfüllen und somit einen zweiten Extrakt herstellen, wenngleich dieser nicht mehr so gut ist wie der erste. Der Tee darf dabei aber nur die Hälfte der Ziehzeit des ersten Auslaugens dem Wasser ausgesetzt werden, da sonst das Getränk infolge Auflösens von zuviel Gerbstoff bitter und nicht mehr verträglich würde.

Diese Art der Zubereitung vermindert ohne Zweifel den Wohlgeschmack eines feinen Tees und sollte nur dort Anwendung finden, wo die wirtschaftliche Lage unbedingt zum Sparen zwingt. Ob besonders viel eingespart wird, ist fraglich, da auch bei der zuerst beschriebenen Bereitung des Aufgusses der Tee vollkommen ausgenützt wird. Es ist eben mehr eine Geschmackssache, über die sich streiten läßt. Während für das Aufgußverfahren sich alle Teesorten gleich gut eignen und ein einwandfreies Getränk ergeben, sofern man die Ziehzeiten genau einhält, ist beim Extrakt-Verfahren eigentlich nur der chinesische Tee verwendbar, da die Tees des indischen Kulturkreises einen viel zu starken und bitteren Geschmack dabei aufweisen, welcher der deutschen Zunge nicht mehr mundet.

Beide Verfahren sind natürlich nur für den deutschen Geschmack beschrieben, der schon in den einzelnen deutschen Ländern ziemlich verschieden ist, könnte doch zum Beispiel ein Bayer den ostfriesischen Teeaufguß wegen seiner Stärke kaum mehr als Genuß bezeichnen, während der Ostfriese den Tee Süddeutschlands überhaupt nicht mehr Tee nennen würde.

SCHLUSS

So wurde denn im Laufe des 19. und 20. Jahrhunderts der Tee, vor allem durch die neuen und ertragreichen Kulturen Indiens, Ceylons und Indonesiens, als Getränk über die ganze Erde hin verbreitet und bei fast allen Völkern der weißen und gelben Rasse ein Gegenstand des täglichen Bedarfs, als der er heute hochgeschätzt und beliebt ist.

Im vorhergehenden Kapitel wurde ausführlich und eingehend die richtige Zubereitung des Teegetränkes geschildert. Es wurde auf die feinen Unterschiede hingewiesen, die der Kenner beachtet, um bei den verschiedenen Sorten die Entfaltung des vollen Aromas zu erlangen. Als ein Quintessenz der Erfahrungen wurden die fünf internationalen goldenen Teeregeln aufgestellt, die einprägsam und allgemeingültig die Bereitung eines guten Tees beschreiben. Sie sollen an dieser Stelle ihren Platz finden:

Wie TEE mit Liebe zubereitet wird:

1. *Teekanne vorwärmen*
2. *Je Tasse einen Teelöffel Tee oder einen entsprechenden Teebeutel nehmen*
3. *Frisches Wasser zum Kochen bringen und sprudelnd auf den Tee gießen*
4. *Fünf Minuten ziehen lassen*
5. *Den Tee umrühren und abgießen. Zucker oder weißen Kandis und je nach Geschmack Milch oder Sahne*

Alles mit Liebe

Der Tee hat Schmerzen gelindert und Freuden erhöht. Er hat Feinde versöhnt und Freundschaften vertieft. Sein Genuß wurde für viele seiner getreuen Anhänger das, als was ihn sein begeisterter japanischer Bekenner, Kakuzo Okakura, in seinem Werke „Das Buch vom Tee" in schwärmerischer Dichterweise darstellt:

„Das Ziel und der Inhalt einer Religion,
die gegründet ist auf die Verehrung des Schönen,
mitten im Alltagsgrau der Dinge."

TABELLEN

Tee-Erzeugung in Millionen kg

Jahr	China	Indien u. Pakistan	Ceylon	Indonesien	Japan
1895		53,0	49,9	4,1	27,2
1905		76,5	78,4	11,3	40,4
1910	350,0	113,3	82,5	18,5	30,5
1920		156,4	83,7	47,4	37,7 (1922)
1925	439,4	169,0	94,7	49,9	35,8
1930	330,7 (1932)	174,3	109,2	71,6	38,6
1935		167,6	98,9	75,2	44,2
1950		275,5	143,4	35,4	42,0
1951		282,2	148,0	46,5	44,0
1952		302,7	143,8	37,3	46,0
1953		301,2	155,7	36,6	44,7
1954		317,2	166 5	46,9	67,8

Tee-Verbrauch je Kopf in g

Jahr	Deutschland	Großbritannien	Niederlande	USA
1836	4			
1875	24			
1880	31	2 070	548	654
1890	41	2 347	553	602
1900	53	2 750	671	496
1910	48	2 895	654	403
1920	28	3 783	1 230	376
1930	94	4 439	1 720	320
1936	67	4 353	1 300	308
1949	31	3 800	760	300
1950	46	3 340	900	340
1951	49	4 200	760	260
1952	52	4 400	760	270
1953	87	4 200	740	300
1954	98	4 500		350

Tee-Ausfuhr in Millionen kg

Jahr	China	Indien u. Pakistan	Ceylon	Indonesien	Japan	andere Länder
1875	109,9	9,7	—	—	12,8	
1885	138,8	31,2	1,9	2,4	18,6	
1895	128,4	62,5	44,6	4,8	18,6	
1900	89,0	87,1	67,6	7,6	17,2	
1905	82,9	98,2	77,1	12,1	15,1	
1910	94,3	116,2	83,3	18,4	17,6	
1915	107,6	154,2	97,7	46,7	17,8	
1920	18,4	124,3	83,7	47,4	10,3	
1925	40,3	157,8	94,9	50,4	11,4	
1930	41,6	163,1	110,1	72,0	9,2	
1935	38,2	149,3	96,0	65,7	16,9	
1950	10,7	191,5	135,2	27,9	7,2	24,8
1951	10,0	227,0	138,4	40,1	8,9	29,5
1952	9,0	199,2	142,7	31,9	9,8	11,8
1953		236,2	142,3	28,9	12,8	47,4
1954		212,8	164,0	40,3	16,8	23,8

Tee-Einfuhr in Millionen kg

Jahr	Deutschland	Groß-britannien	Niederlande	USA	Canada
1875	1,0	81,3	2,5	28,6	
1885	1,6	86,0	2,5	35,8	
1895	2,5	100,6	2,9	44,1	
1900	3,0	113,0	3,5	38,5	
1905	2,9	117,4	4,1	46,6	
1910	3,1	130,1	5,0	38,8	
1915		143,0	5,5	40,0	
1920	1,7	178,2	8,4	40,9	
1925	4,1	217,9	17,8	45,7	16,4
1930	6,0	245,3	18,8	38,5	19,3
1935	4,4	215,9	14,5	39,1	17,3
1950	1,7	167,2	9,0	52,0	25,0
1951	2,1	210,5	7,6	39,4	19,3
1952	2,8	225,4	7,9	42,4	20,8
1953	3,7	211,0	7,8	48,8	
1954	4,8	228,7	8,1	36,7	18,0

Tee-Einfuhr nach Deutschland in dz

nach Herkunftländern

Jahr	Indien u. Pakistan	Ceylon	Indonesien	China	sonstige	Gesamt
1895	2 229	—	2 790	16 080	3 490	24 589
1900	2 350	1 160	3 800	18 310	4 260	29 880
1905	3 290	2 000	4 110	17 610	1 690	28 700
1910	4 540	3 140	4 920	17 430	1 240	31 270
1914	2 920	2 390	3 580	10 890	890	20 670
1920	2 100	1 069	12 050	1 540	636	17 465
1925	7 896	7 155	46 343	9 770	354	41 518
1930	17 947	11 626	23 043	6 893	908	60 417
1935	9 995	6 751	22 619	4 739	374	44 478
1938	32 622	2 991	10 922	7 038	710	54 283
1948	507	315	37	418	23	1 300
1949	11 602	3 677	2 451	172	626	18 528
1950	9 651	1 901	4 674	155	405	16 786
1951	11 659	3 395	5 577	31	577	21 239
1952	13 236	4 723	8 363	38	1 355	27 715
1953	18 807	6 631	11 031	88	604	37 161
1954	25 625	8 932	12 300	188	1 464	48 309

FSC
www.fsc.org
MIX
Papier | Fördert gute Waldnutzung
FSC® C083411

Kolibri 360 GmbH
Ferdinand-Jühlke-Straße 7
99095 Erfurt, Deutschland
produktsicherheit@kolibri360.de